高等学校教材

建筑形态设计基础

同济大学建筑系建筑设计基础教研室　编

中国建筑工业出版社

图书在版编目（CIP）数据

建筑形态设计基础/同济大学建筑系建筑设计基础教
研室编．—北京：中国建筑工业出版社，1991（2023.12
重印）
高等学校教材
ISBN 978-7-112-01378-4

Ⅰ．建… Ⅱ．同… Ⅲ．建筑设计：造型设计-高等
学校-教材 Ⅳ．TU2

中国版本图书馆 CIP 数据核字（2005）第 114892 号

本书以近十年来同济大学建筑系建筑设计基础训练的教学实践为基
础，从建筑设计角度出发，以形态构成为主要线索，结合现代视觉设计中
力的概念、材料和结构特征概念、空间限定的概念等，比较理性地介绍了
形态设计的一些基本规律，循序渐进，易于掌握。同时本书内容和实例偏
重于立体形态、肌理形态和空间形态的设计，并注意与建筑设计作业结
合。该书供建筑学、园林规划等有关专业学生作教材和教学参考书，对广
大工程设计人员也有参考价值。

高等学校教材

建 筑 形 态 设 计 基 础

同济大学建筑系建筑设计基础教研室 编

*

中国建筑工业出版社出版、发行（北京海淀三里河路 9 号）

各地新华书店、建筑书店经销

建工社（河北）印刷有限公司印刷

*

开本：787×1092 毫米 1/16 印张：4¼ 插页：8 字数：100 千字
1991 年 11 月第一版 2023 年 12 月三十二次印刷
定价：**18.00** 元

ISBN 978-7-112-01378-4
(21035)

序

关于创造能动性的概念已发生了改变，这便不可避免地影响到关于训练的概念。基础教学对于艺术和设计的沿革必然做出反应，更是各种新的艺术和设计手段得以继承的保证。虽然后者在先，前者相随，但作为基本设计，也就是作为一种基础的观念，它所关心的东西也许更带有普遍性和规律性。

同济大学建筑系的建筑设计基础教学是有特色的，从五十年代起便注重于现代设计基础训练的教学研究，虽因时代的局限性而时起时伏，但始终没有间断。对材料物质特性的理解和对它们形态和空间运动鉴别的研究是其特色。特别是自七十年代后期开始，又率先借鉴了平面构成、立体构成、色彩构成等概念，和空间限定等原理，对原有的设计基础教学体系进行了改造。八十年代中期逐步将形态构成与建筑设计有机结合，形成新的教学体系。

本书以近十年来我校建筑设计基础训练的教学实践为基础，将历任主讲教师授课中有关形态设计基本原理和基础训练部分的内容整理成册，以供有关专业学生作为教材，和教学参考用书，对广大工程设计人员也有参考价值。

本书从建筑设计的角度出发，以形态的构成作为主要线索，结合现代视觉设计中力的概念、材料和结构特征的概念、空间限定的概念等，比较理性地介绍了形态设计的一些基本规律，循序渐进，易于掌握。同时本书内容和实例偏重于立体形态、肌理形态和空间形态的设计，并注意与建筑设计作业结合，因此更适应于建筑、城规、园林、室内、展览、工业造型、舞台美术设计等专业。

历史上不同时期对理智和情感的位置有不同的侧重点，对于这种变化，艺术与设计必定会作出反映，并不断延伸其界限。本书作为教材则侧重于理性阐述形态设计的基本原理，但在习作训练中坚持开发个人基于实际，而不是基于理论的探究精神，对每一个实际问题坚持追求特殊的解决。对于建筑和设计界当今不断涌现的新潮流，本书的内容不可避免会有局限性，但正如约翰尼斯·伊顿对其学生要求的：如果你在无意之中有能力创造出色彩杰作，那末无意识便是你的道路，但是如果你没有能力脱离你的无意识去创造色彩杰作，那么你应该去追求理性知识。

本书由莫天伟副教授主编执笔，赵秀恒教授审稿。历届建筑设计基础教研室的许多老师，参加了本教材的建设与实践工作。在此向各位提供了教学经验、教学资料和宝贵意见的同仁先生致以最衷心的感谢。

同济大学建筑系
一九九〇年八月

目　录

第一章 总 论

什么是设计？鲍豪斯有名的现代设计大师蒙荷里·纳基（Moholy·Nagy）曾指出："设计并不是对制品表面的装饰，而是以某一目的为基础，将社会的、人类的、经济的、技术的、艺术的、心理的、生理的多种因素综合起来，使其能纳入工业生产的轨道，对制品的这种构思和计划技术即设计。"可见设计不局限于对物象外形的美化，而是有明确的功能目的的，设计的过程正是把这种功能目的转化到具体对象上去。

§1-1 设 计

1. 设计的范畴——实用与美的造型

人类通过劳动改造世界，创造文明，包括两个方面，即创造物质财富和精神财富，两者的总和称为文化。其中最基础的、最主要的，亦是数量最多的创造活动是造物。我们把人们使用实际材料，包括工具，制造物的过程称为造物活动。设计便是对造物活动进行预先的计划，可以把任何造物活动的计划技术和计划过程理解为设计。

有很大一类造物活动是原材料的生产，比如采煤、发电等。这类造物活动的计划技术和计划过程只是注重创造物的质地，而对其物形并不太注意，挖出的煤块虽然有大小方圆不同形状，但其使用价值与其形状关系不大。这类活动属于生产计划的范畴，仅仅是为了实现使用和经济这类纯粹实用的功利目的。我们还不能把它称为设计。

物形对于煤块是不重要的，但对于挖出来的坑道却是重要的，组织生产安全生产都与其形状有关，因此它的形状需要设计，矿区的发展，坑道的流程也需要作图形的规划设计。这类造物活动，比如坑道、水坝、道路、生产流线、设备系统、包括机器零部件，其功利目的虽然仍还是纯粹实用，但因为其计划技术与计划过程与物形有关，我们便把它称为设计，属于工程设计的范畴。

在工程设计中虽然必须注意目的物的形状，但对于物形的设计主要考虑的是其内部结构，即物与物之间的关系。注重的是如何使它坚固、经济一些，即这些目的物的耐用因素。在人们造物活动中创造的另一类产品，包括对工具、车辆、电器等这一类工业产品的设计，建筑、城市、园林、室内工程等这一类对周围环境的设计，封面、包装、标志、招贴等这一类传达视觉信息的设计，对目的物形状的研究就具有更深入的要求：比如服装应舒适合体，标志的形状色彩和位置应便于引起识别，工具开关和手柄的形状尺寸位置应便于人手把握，椅背形状需对应于人体曲线，开窗朝向该满足人们对阳光和空气的卫生要求，空间的大小和关系要便于人们活动……在这些领域中，对物形的研究不仅注重于物与物之间的关系，更重要的是对物与人之间的关系进行设计，使对于物形的研究进到更高的层次。

在这些造物的工作中，形是重要的因素。所谓"形"，或是可见的或是可以触摸到的，从而形便包括了形状、大小、色彩、肌理、位置和方向等因素，人们在造物过程中如果主

1

动的对这些因素进行研究，对材料和物体进行加工、组织或综合，这种活动便称为"造型"。

由于形状、大小、色彩、肌理、位置、方向这些造型因素的存在，必然会引起人们视觉的反应，引起愉悦造成美感，因此造型活动除了耐用适用的功利目的之外，必然会牵涉到人们的审美心理。但这种审美心理与人类纯艺术的创造活动是有所区别的，雕刻家用一块木头刻出头像，他的活动亦是典型的造型活动，这类造型活动也离不开物，但在这儿"物"只是转移情感的手段，一方面它并不牵涉到大量的物质手段，另一方面为完成作品所使用的物体或物质只是用来表现形象，希望感染人，教育人。这类造型活动所考虑的纯粹是人与人之间的关系，功利目的是纯精神的需求，其审美心理有更强的个人判断。这一类造型活动已超出了我们习惯上定义的狭义的设计范畴，我们称其为造型艺术。

设 计 的 范 畴　　　　　　　　　　　　　　表 1-1

造物活动特征	例	主要关系	范　畴	功利目的	
物质	采矿、发电 生产流线、设备零件	物—物 物〈物 　　人	生产计划管理 工程设计	纯实用（耐用）	
物形	服装、家具、车辆、电器 城市、建筑、室内、园林 封面、包装、招照、标记	物—人	产品设计 环境设计 视觉传达设计	实用（耐用 　　　适用） ＋ 美观	设计
物态	绘画、雕塑	人—人	视觉艺术	美观（纯精神）	

综上所述，我们把那些兼备实用和美的功利目的的造型活动称为设计。设计是实用的美的造型。

2. 设计的性质——造型计划的视觉化

我们现在所使用的"设计"一词，概念来自英语的 design，在拉丁语中 Designare（动）designum（名）是徽章、记号的意思，就是说设计本来的意思是"通过符号把计划表示出来"，这无非是指把思想上的意图表示成可见的内容，创造事物在一定条件下的状态，从而体现这种活动的功利目的，这个"造型"活动的全部"计划"，即我们所说的设计。从人类试图挖洞、搭棚以避风御寒，至今日各种光怪陆离的产品和建筑，设计无非是对一个"造型计划"进行的综合思维活动这程。现代设计所牵涉到的因素极其广泛，需要解决的问题千头万绪，但这千头万绪却必须统一到一个方向上来，即"把思想上的意图表示成可见的内容"，亦即把环境和功能的要求，技术和经济的保证，体现为形象，这个造型计划就是设计，我国传统上把设计称为"打样"，亦就是这个意思。因此，从这个角度出发，我们可以把设计理解为造型计划。

一个完整的造型活动，其过程包括（见图 1-1）。

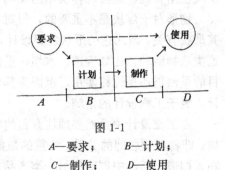

图 1-1

A—要求；　　　B—计划；
C—制作；　　　D—使用

那么设计就应该包含与其相对应的过程，虽然严格来讲只有 B 阶段才是真正含义的设计，但是设计无疑必须满足并预先计划其它几个阶段，设计只是把预演了这各个阶段全过程的造型计划加以视觉化。因此可以说设计的本质是造型计划的视觉化。

3. 设计的思维特征——把思维元素联结为形象系统

"一些吸引人的字句，象'功能主义'和'适用＝美观'，起到将新建筑的正确评价扭向肤浅的渠道，或使之完全片面化的作用。……那些看不清新建筑是联结思想两极的桥梁的人们将它归结为某种单一的，范围狭窄的设计领域。"（引自格罗庇斯：《新建筑与鲍豪斯》）设计创作中形态与逻辑是思想的两极。现代设计重视形态要体现逻辑，所谓"形式遵循功能"。然而这只是一条创作原则，或者说只是现代建筑当初的一句口号，作为历史现象，这种单纯的演绎并没有说明创作过程，更没有说明思维中两者的联结特征。设计创作、创造什么？不是创造用形态体现的逻辑，而是创造隐喻了逻辑的形态。必须把各种思维元素连接成新的形象系统，把逻辑构成为形态方能实现。在这种特殊的思维过程中，形象的思维和逻辑的思维是同样重要的。

形象思维是相对于逻辑思维而言的，思维的这两种方式同时存在，但在反映客观世界的时候，两者却以不同的形式表现出来，在思维对象、思维方式、思维过程、思维效用上都有不同。逻辑思维是从许多事物中舍弃个别的非本质的属性，以抽象的推理和判断来达到论述的目的，从而认识事物的共性。而形象思维通过对众多具体形象的积累，扬弃非本质的感性材料，通过想象等心理操作的综合过程，直接推出典型形象来，重要的是创造个性。逻辑思维必须抽象，而形象思维的过程自始至终不能离开具体形象而存在。设计必须充分完成某种规定的任务，发现和选择与功能和构造相吻合的形，应用有经济制约的适当的材料和加工方法来实现这种形，同时不是基于设计者个人主观判断而是按照人民大众和时代社会的要求创造形态美。但是在设计中功能不是抽象的概念，必须被隐喻为实体的空间形态，结构构造更不是抽象的理论，必须要表示出具体的结构造型……到了创作出来的形以及它特有的态改变了原有的环境，使概念上的功能要求，找到其实存的依据，即原始条件隐喻为形态，"魂"附上了"体"，设计即告完成（图1-2）。在设计的诸多矛盾中，创作者与创作对象的形态是一对主要矛盾，没有这对矛盾，创作过程就不复存在，这对矛盾间断，就是创作过程的中断。随着时间和创作者心理不间断的流动，形态被形成、操作、变化、组织、完善。显然这种思维过程属于形象思维。

设计的这种思维过程又有些相似于演员演戏。演员运用内部和外部的技巧产生演员（创作者）对角色（创作对象的形态）的转化，运用形象思维潜心塑造角

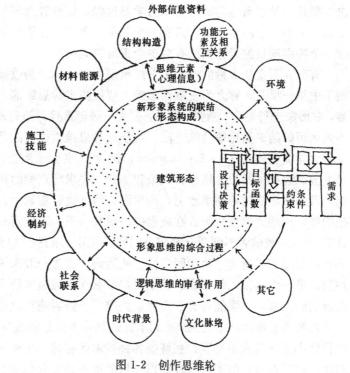

图 1-2 创作思维轮

色形象。形象一旦间断，演员出戏，演出即告失败。但演员的"我"，却在不断地审查角色的"我"，注意着观众对角色的反映，一招一式都不能有失检点。这就是说，创作过程要不断地受到他人和创作者自我的审省。这自然是一种逻辑思维过程。在创作的过程中，逻辑思维和形象思维是互相渗透和相互重叠的。功能的实现，技术的保证，经济的制约，通过其转为心理信息，化成形象而渗透进形象思维过程，并不断地对其进行审省。因此，在设计的思维过程中，逻辑思维同样重要。

但就设计思维的整体而言两种思维方式却不是并重的。不同于逻辑思维"概念——判断、推理——论证"的形式，形象思维、心理结构的基本形式为"表象——联想、想象——典型化。""表象"指正常人在实践和感知的基础上形成并积累的感性形象。"想象"包括直觉思维和灵感等成分。"典型化"则指共性和个性的统一，理性与形象的结合。因此形象思维过程同样有自身的逻辑性，同样有明确的目的性。在整个过程中，典型化是重要的一环，就是要创造出特定条件、特定目的下有个性的典型形态来，这才是形象思维的终止。这个过程即形象思维从感性到理性，从低级到高级的发展过程。设计中思维的逻辑过程正是就典型化这个意义的高度讲的，不能简单地从推理论证的逻辑方式来替代，离开了典型化的想象，那必定会使思维过程中形象间断，最终导致思维的逻辑过程混乱。同样，在形象不间断地形成中，离开了逻辑的理性的审省作用，形象思维便失去依托，也必然不能使形象上升到典型化的高度。

典型化的过程不仅需要理性判断的智力，更需要发挥创造性的想象，即求异思维能力。创造心理学理论认为，与求异思维相对称的求同思维，代表着用来解决只有一个正确答案的那种类型的思维。当个人承担了某种任务时，一般都依靠经验和知识去思考，从经验中发展起来一种称为"学习定势"的东西，即学会运用类似方法去解决同类问题，问题的解决主要是一种逐渐地尝试与错误的学习过程，直至答案与某个"正确"标准相符。一个苹果加一个梨等于两个水果，只有一个答案，但两者在造型上的构成却千变万化，谁能说得准一个特定项目的设计到底有多少个正确答案呢？

有些人习惯从大量的例子中总结出规律性，称之为收敛性思维，有些人则善于从典型例子中举一反三，称之为发散性思维。要提高求异思维能力，就必须较多地运用发散性思维，对形象进行粘合、夸张、缩小、扩大……创造性地进行联想和想象等心理操作过程，而不是运用归纳、类比等抽象方法。对于这种思维方式上的差异，必须要有清醒的认识。斯坦福大学艾德姆逊（R·E·Adamson）曾对 57 名大学生进行了一次"蜡烛问题"试验：对每个被试者提供蜡烛、纸盒、火柴和图钉，要求将点燃的蜡烛安置在墙上。要解决这个问题，可以熔化蜡烛粘在纸盒上，再用图钉将纸盒钉在墙上。被试者分为两组，对一组预先把图钉、火柴、蜡烛分类放在纸盒内。对另一组，则把所有器材散放在桌上。结果第二组计有 86％的被试者不到两分钟解决问题，而第一组只有 41％的人能解决它。艾德姆逊认为第一组是受到了所谓"功能固定性"的阻碍，因为一般来说，纸盒总是作为一种容器供使用的，第一组比第二组更难以发觉可把纸盒作为烛座来使用。这不仅是个能力问题，更有心理上的因素，方案能否有创造性，关键在于是否能自觉地运用发散性思维。

发散性思维活跃了思想，有利于促进创造性思维的发挥，在设计创作过程中尤为重要。但设计也是一门应用科学，在解决各种技术问题时，主要还是应用前人或别人创造的经验财富；何况典型化的逻辑过程和思维目的更不是没有标准的无际的发散和想象。因此又必须运用求同思维，使设计方案与某个"正确"标准相符，以审查方案的合理性，收敛性思维和求同思维仍是必要的。我们应该在发散性和收敛性之间，求异和求同之间，形象与逻辑之间保持一对"必要的张力"。这两种思想形式虽是矛盾的，但这种矛盾是应该而可以统一的。一个好的设计师必须具备维持传统和思想解放这两方面的素质，把两者统一到设计的思维过程中来。即使是科学家的工作，在创造阶段，他们也必须具备撇开对事实作逻辑思考，而把思维元素联结成新的形象系统的能力。

这种"把思维元素联结为新的形象系统"的过程，对于设计过程至关重要，体现了两种思想形式的渗透。设计中设计对象形态的构成过程即上述"新的形象系统"的建立过程，形态构成是设计各思维元素的结合部。如用现代系统工程的理论来阐述的话，形态构成是设计这个造型计划系统的目标函数，而实现功利目的的技术经济手段和社会文化背景则是约束条件。目标函数实现了，任务书上抽象的功利目的也就落到了实处。

这种把各种思维元素联结为新的形象系统的思维过程即是设计。

§1-2 形　态

1. 形与态

形态指事物在一定条件下的表现形式和组成关系，包括形状和情态两个方面。断石伸向海中，浪冲水激，这种"身残"的形表现出一副"志坚"的态，与迁客骚人斯时斯刻的心境相符，从而被勒上"心印"两字（彩图1-3）。"印"者"相符合"也，心情与物态相符，所谓"心意之动而形状于外"。这即是形与态之间的关系，有形必有态，态依附于形，两者不可分离。

我们对形态的研究包括两个方面，不仅指物形的识别性（是什么？有何用？）而且指人对物态的心理感受，对事物形态的认识既有客观存在的一面，又有主观认识的一面，既有逻辑规律，又是约定俗成。对自然形态如此，对人为的设计形态更须如此，通过对事物形态的经营，体现物形的逻辑关系和构态的符号意义。

2. 现实形态的分类

我们可以把现实形态分为自然形态和人为形态两大类。自然形态与人为形态的根本差别在于它们的形成方法不同。靠自然界本身的规律形成的称为自然形态。天上的云，海边的潮，奇形怪状的山石，形成于偶然之中，形象混沌，朦胧迷离，具有超人类意志的魅力，可称为偶然型。一块太湖石越是漏、透、皱、瘦，越使你捉摸不透，而你却越要捉摸它。另一类自然的形态，如生物，形成于更有序的自然规律，其形态虽然变化丰富，但可以预测，因此情态明确而强烈，我们称它为规律型。自然形态无非是各种自然物或自然现象所赋予我们感觉的一个侧面，其形成与人的意志和要求无关。

人为形态按加工方法不同又可以分为徒手型与机械型。不用工具或仅用简单的手操工具加工形态，可以使其体现人手加工的力度变化，因此徒手型似带有人手的温暖，自然界中，景观好的去处比比皆是，但按中国人的习惯，凡经过勒字刻石、点缀亭台楼阁之处，才被认为是好风景，这种使名胜与风景结合的要求，未尝不是因为徒手形态能把人手的温暖揉进野趣之中，从而使风景对人更有亲和力。而泥人制作改为模具注压后，失去了神来之笔的气韵，也就不如早先的生动。这便是徒手型情态上的特征所在。徒手形态不如机械工具加工的形态那样可以完全复制，因此往往强调和追求加工制作上的偶然因素，使人为形态表达出更多的似乎是无意的自然情趣，比如用烟熏，或者把漂浮在水面上的油料色彩印在纸上，我们把如此创造的形态也称为偶然型。

偶然型规律型和徒手型能给人一种有生命力的感受，更接近于自然中的有机形态，如果从形象的情态特征来对形态进行分类的话，它们可以统称为有机型。一般来讲，有机型更容易使人产生亲近感，而与此相对的机械型则显得缺少生动感和自由感，比较严谨、冷漠，更具理性和逻辑（见图1-4）。

图1-4　各种不同的形态
机械型（左上）规律型（右上）
偶然型（左下）徒手型（右下）

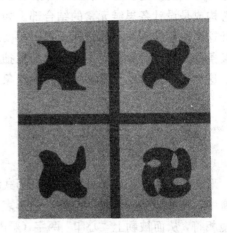

图1-5　机械型的有机化

3. 机械型的有机化

因为人生活在自然中，也是一种有机体，人的生理，心理节奏要求同外界的节奏保持同步，要求相互适应，自然就倾向于有机型。对于如方盒子式建筑这类巨大的机械形态，虽然能兴奋于一时的变化，但长年累月生活其间，必将造成心理压力，而要求将机械型进行有机化（见图1-5）。其实这种心理状态历来如此，传统方法是在机械型上添加各种有机形态，徒手摹写和雕刻上各种飞禽走兽人物花草纹样（图1-6）。更常见的现象是把自然形态进行变形，如十九世纪后半叶的图案家多以自然物为装饰样本。罗斯金在当时极力主张：不以自然形态为基础的设计，绝对谈不上什么美。他们研究自然形态以获得对设计的启迪，从而发展出仿写各种生物流线型的设计倾向。而现代设计更注重于仿有机型的态，将机械型略作加工变形，去模仿自然中有机形态所具有的量感、空间感、生长感和生命力等情态特征（彩图1-7）。现代设计运动中发生的很多现象正是基于人对形态的这种心理状态。钢笔、汽车、收音机等老一代产品设计的形态

图1-6　传统建筑上的雕刻和纹样是添加上去的有机形态

从机械型发展到流线型的形态，而电视机等新一代产品又由流线型发展为有机化的形态处理，这种变化过程不仅是由于生产技术的发展创造了条件，更是因为人们形态心理变化的需求促进而产生的（见图 1-8，1-9）。

图 1-8　密斯·凡·德罗设计的现代主义作品——柏林现
代艺术馆，如今被当地人称为"铁庙"

4. 形态符号与意义

人们对形态的好恶、取舍和设计，取决于人们对形态的生理和心理上的需求，这便是形态设计中的使用功能和精神功能问题。而这两种功能都是与设计对象的形态直接相联的。因此任何现实形态，不管是自然形态还是人为形态，在与人发生关系时都可以看成为一个具有某种意义的符号，根据这种观点，每一个形态符号都与某一逻辑意义相关，人们见到这个符号就想到了它的功能，并对其情态产生联想，符号与意义之间确定起一组组特定的联结关系。但关系的确立需要约定俗成的经验，未见过汽车的乡民视汽车为怪物，不懂其功效，更难于

图 1-9　柏林国际建筑展的住宅创造形态
具有人情化倾向

欣赏其线条，这是因为符号系统不同的缘故。然而这种联结关系并不会一成不变，不懂的会变懂，已经确定的关系在一定的条件下可以转化，这个转化不仅指对态的心理感受在不同情况下会有变化，同时也指对形的识别性会有不同理解，同一种物件在不同的场合、地域，可以作为不同的工具来使用。可见形态符号的逻辑意义必须由约定俗成来进行强化。创造一种新形态，只有符合这种约定俗成关系，或者经过多次反复，重新确定符号与意义之间的关系，才能被理解。这种联结关系对于形态设计是极重要的，借此我们去理解设计中

传统与创新的关系。单纯的新奇仅仅是提供一时的浮浅的刺激，在权衡这种联结关系的基础上才能把握形态创新的深层意义。

对于形与态，符号及其意义的这种认识，是对形态本质的学习。这种认识将有利于加深对设计中形态语言及其语法关系的理解。

§1-3　构　　成

如何进行形态设计？要掌握设计的实际技术从何处入手？加拿大建筑师埃里克森的方法给我们以启示。他让学生找七块石头，用这些石头做出一个方案，他认为：通过七块石头，你立即会接触到组合、形状、体量、尺度、色彩和质感等问题，一个人用七块石头实际上能表达出各种各样的想法。形态创作过程中表象的积累、灵感的产生，如果只从既成品中去找，那是没有出路的，应从自然中、生活中各种生动活泼的形态中去寻找。生活是创作的渊源，也是悟性的渊源，事实上一般称为"悟"的东西，正是自然中和人的创造中物质材料构成各种形态及形态变化的规律。换句话说，要掌握形态设计的实际技术，应该从一切造型所共通的方面着手。

形态是如何形成和变化的呢？星球组成星系，原子组成物质，人群组成社会，观察我们周围的世界，从微观到宏观，从自然形态到人为形态，各类事物都由一些更基本的要素组合而成。

1.　朴散则为器

朴，指未经加工的木材，"无刀斧之断者为之朴"。散，即分解。就是说将原始材料分解为一些基本物质要素，才能组合起来，制成各种器具。中国古代哲学家老子在《道德经》中的这句话说明了事物形态的形成规律，把要素进行组合是造型活动的基本手段。

如果我们仔细观察蒲公英的果实，那一簇簇小伞便分解为基本要素，它们向一个中心聚集又振奋地由中心向四周扩散，形成要素之间向心而又发散的力感和动感，在这种形态力矛盾的均衡过程中，最终解决为要素之间单纯的同一（见图1-10）。同样，我们面对书架上杂乱排放的书籍，有厚有薄，大小开本，如果用要素的意识来注视它们，看成为一种线现象，形态便显得单纯，线之间的分离意味着书的厚度，线方向的倾斜意味着书的倾斜。象这样把物的现象抽象化、符号化，舍去物的繁杂特征，便可在观察和设计中把这些点现象、线现象、面现象等等单纯化。由此我们进一步探索蕴藏其

图1-10　线要素向中心的聚集和发散

间的"节奏和韵律"、"力感和均衡"、"变化与同一"等规律，就比较容易掌握。把观察和设计中看到的现象符号化、抽象化成基本要素进行组织编排的造型过程，就是对形态构成

规律的认识和学习（见图1-11）。

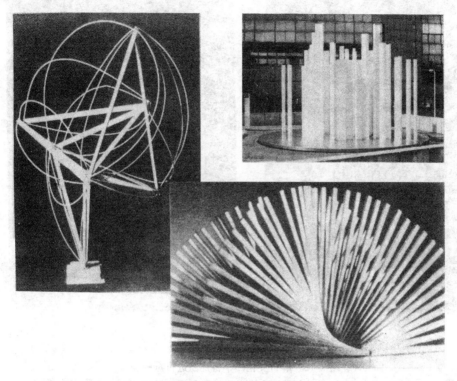

图 1-11 设计形态中的线构成

2. 把要素打碎进行重新组合

构成是一种近代造型概念。最先起源于鲍豪斯，发展于六、七十年代。产品工业化的要求使得形态设计难以继续维持模仿和变形的方法，为摆脱这种困境，人们需创造全新的方法和准则。而认为物质无限可分的现化物理学，系统论的现代方法学等近现代理论，又不可避免地形成一种新的科技文化氛围，进一步影响了形态设计领域。新的思想认为把各种事物分析为基本因素，再找出新的联结关系是创造性思维的关键，这种思想启迪人们解析形态，抓住形态形成的本质，帮助设计。所谓构成，指将各种形态或材料进行分解，作为素材重新赋予秩序组织，这种造型概念已远不只是一种构图原理。"构成"的概念与"构筑"相近，强调从"要素进行组合"为核心理论，发展出一套形态组织的新的语法关系，成为现代设计的基本方法。

康定斯基认为所谓构成便是"把要素打碎进行重新组合"。这些要素可以在构图要素的思维层次上进行形态构成，亦可以作为功能要素、结构要素等，在综合形象系统的思维层次上来进行构成；甚至于进一步在文化背景的层面上，把形态打碎成凝聚着不同文化因子的片断来进行构成。这便是所谓构成主义、结构主义、解构主义等等创作方法的思想基础（见图1-12）。

3. 形态语言的基本语法关系

对于形态训练，我们习惯的方法曾是通过大量临摹典范作品达到表象的积累，逐步接近于权威大师的境界，进而学会变通的本领。这种强调"悟性"的师徒相授体系往往使基础训练变得不可言传。构成的概念认为，一个设计形态，用把基本形按关系元素组织起来

a   *b*

图 1-12 解析文化因子将片断进行重构

a—意大利广场圣约瑟喷泉；b—波特兰公共服务大楼

的方法，即可构成。用点、线、面、块等形态要素作空间的运动变化和组织编排，便可形成千变万化的平面、立体形态；即便只是作为"空虚能容受之处"而存在的空间形态，也可以通过一些基本限定要素的变动来进行各种组织……形态设计工作无非就是综合地把这些要素进行变化，从而形成千姿百态的设计形态。如果我们对形态要素的形成变化、组织关系以及组织原则进行详细的分析，对形态构成过程作详尽的归纳和类比，罗列出各种可能的变化方式和组织形式，然而循序渐进地进行训练，这样做是有其特殊意义的。这相当于用基本语法分析各种句型关系，直接提供了基本设计的具体方法，使形态训练变得科学，有条理而便于学习。作各种"句型练习"有利于设计中表象的积累，更重要的是培养了创造新形态的扩散性思维方法，便于把逻辑的思维元素联结成新的形象系统。基于如此理解，在完成基本训练阶段而进入含有具体目的的设计时，任务中的功能要素、结构构造要素等，亦可以按同样的方法进行解析、重组，参加构成。这种认识上的深化将直接影响设计。

第二章　形态的形成

形态的形成和变化依靠各种基本的要素而构成。在基础训练的开始阶段，作为构成要素的是抹掉了时代性和地方性意义的形体、色彩和肌理等形象要素，它们被纯粹化、抽象化。这种训练是实用的、唯美的。这种纯粹化的要素构成训练与现实设计的范围相比较，其内容是狭窄的，但便于认识和进行训练。

§2-1　基本要素和基本形

1. 点、线、面、块——概念元素

任何形态都可以看成由点、线、面、块构成（见图 2-1）。我们可以将点、线、面、块进行运动来形成多种多样的形态（图 2-2）。但是点、线、面、块只存在于我们的概念之中，我们称其为概念元素。用概念元素解释形态的形成，排除了实际材料的特征，而任何点、线、面、块在实际形态中都必须具有一定的

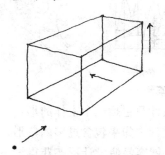

图 2-1　点连成线、线铺成面、面聚成块

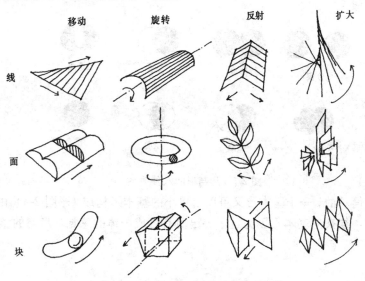

图 2-2　基本要素的空间运动

形状、大小、色彩、肌理、位置和方向。

2. 形状、色彩、肌理、大小、位置、方向——视觉元素

我们把这些组成形态的可见要素称为视觉元素。概念元素点、线、面、块，视觉元素

形态、色彩、肌理、大小、位置、方向，这是形态形成的要素，也是形态设计借以进行变化和组织的要素，做任何设计，无非就是变化这些要素，从而形成多种多样的形态。我们自觉不自觉地往往用一组在形状、大小、色彩、肌理、位置、方向上重复相同的，或者彼此有一定关联的点、线、面、块集合在一起，形成我们的设计形态。这就牵涉到基本形的概念。

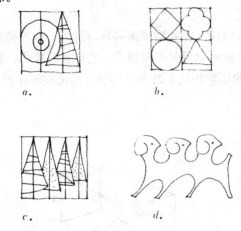

a.　　　　*b.*

c.　　　　*d.*

图 2-3　单形和基本形
a—单形自成一体；
b—过多的单形、构成涣散；
c—彼此有关联的形-基本形；
d—设计得好的形态，可以分
解为基本形，基本形又可以由
更小的基本形构成

3. 基本形

如果设计只包括一个主体的形，或包括几个彼此不同、自成一体的形，这些形称为单形。一个设计中如果包含过多的单形，构成就容易涣散，而如果由一组彼此重复或有关联的形组成，就容易使设计形态获得统一感（见图 2-3）。我们称这组彼此有关联的形为基本形。基本形的存在有助于设计的内部联系。一些优秀的设计虽然具有丰富的形态，但包含

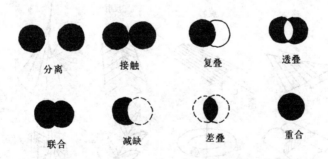

分离　　　接触　　　复叠　　　透叠

联合　　　减缺　　　差叠　　　重合

图 2-5　形与形的八种关系

的基本形是非常简单的，一个基本形又可以由更小的基本形构成（彩图 2-4）。由此可见，基本形以简单为宜，复杂的基本形因为过于突出而有自成一体的感觉，形态的整体构成效果不佳。

§2-2　要素之间的关系

1. 形与形的关系

在基本形的集合中，形与形之间大致有如下八种关系：分离，接触，复叠（一形覆盖在另一形上造成前后关系）、透叠（两形交叠部分变为新的形）、联合、减缺（剩下的部

分）、差叠（共有的部分）、重合等（见图 2-5）。

2. 形与底的关系

设计要表达的图象，我们称之为形，周围的背景空间，我们称之为底。形与底的关系并非总是清楚的，因为人们一般习惯认为图象在前、背景在后，而如果形与底的特征相接近时，形与底的关系则容易产生互相交换（见图 2-6）。形底互换现象往往是感知心理学研究的对象，可以从图 2-5b、d 和 e 中感到空间的模棱两可性，形与底在显著地波动涨落，一会儿黑色的图像浮现在白色的背景上，一会儿白色的图像浮现在黑色的背景上。在视觉领域中没有什么东西是负的，图像内部及周围的空白对于图像来讲也可以作为正的图像，它们之间充满着矛盾的对立统一。

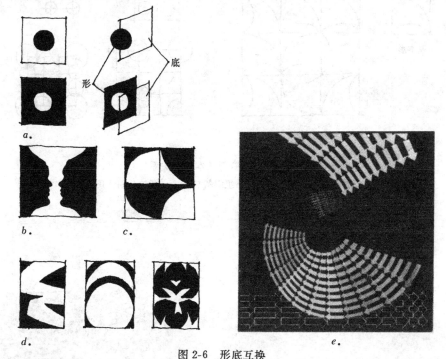

图 2-6　形底互换

a、b—形底互换；c—基本形的形底互换；d—六十年代的造型艺术作品——图底在显著的波动和涨落；
e—形底互换加强了运动感

3. 基本形与骨骼的关系

基本形在空间的聚集编排必须建立明确的行伍关系，我们将这种行伍关系称为骨骼。骨骼由概念的线要素组成，包括骨骼线、交点、框内空间，将一系列基本形安放在骨骼的框内空间或交点上，就形成了最简单的构成设计。骨骼起到的作用是组织基本形和分划背景空间，作为关系元素，骨骼是看不见的，完成了上述作用后，骨骼便隐去了。基本形的积聚和骨骼的组织，是构成一个形态的基本条件（图 2-7，2-8，2-9）。

§2-3　要素的变化

1. 基本形和骨骼有序的变化

为了使设计形态趋向于丰富，我们可以进一步变化基本形和骨骼。基本形的六个视觉

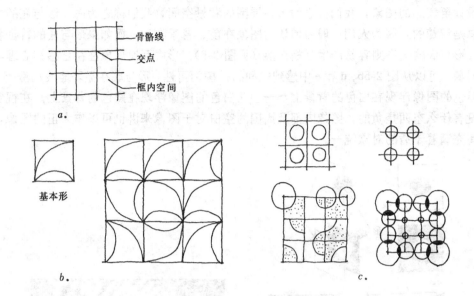

图 2-7　骨骼与基本形的关系

a—骨骼的组成要素；b—骨骼组织基本形；c—骨骼分划背景空间

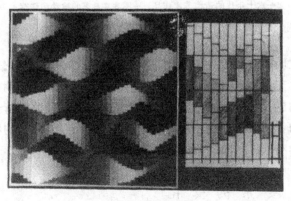

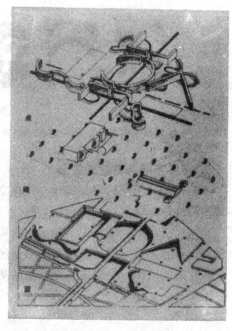

图 2-8　平面构成中的骨骼和基本形　　　图 2-9　维莱特公园——点、线、面形成的空间
骨骼系统

元素都可以有不同程度的变化，或者采取不同的变化过程，按要素的变化过程不同可分为重复和渐变，按要素变化的程序不同可分为近似和对比。

基本形的变化　表 2-1

要素 ＼ 变化形式	重复	渐变	近似	对比
形状	○○○	○○□	○⬡○	○□
大小	◯◯◯	◦○○	◦○○	・◯
色彩	红　红　红	红　黄　绿	橙　黄	红　绿
肌理	～～～	～～～	～～～	～～
位置	◦◦◦	◦◦◦	◦◦	◦◦
方向	⟋⟋⟋	⟋⟋—	⟋⟋—	⟋—

骨骼的变化　表 2-2

	重复	渐变	近似
间距			
方向			
线型			

骨骼是关系元素，在构成中起很大作用，同样这些基本形，由于骨骼的变化，构成的结果是不同的。骨骼网可以变化的要素是间距、方向、和线型。

"空山鸟飞绝"这种对超安静环境的描写只能出现在诗句之中，而在现实生活中，远处的松涛、嗒嗒的滴水、一二声鸟鸣反能衬托出环境的安宁；火车有节奏的噪音能催人入眠，弯道桥梁引起节奏变化却使人振奋。这是因为人们心理的本质是追求变化的，单调无变化的环境（包括视觉环境）会造成心理压力。形态设计要求变化，可以说，所谓设计的能力便是变化的能力。根据骨骼和基本形的基本变化规律，我们可以派生出千变万化的形态来，帮助实际设计创造出千姿百态的新形态。

但是周围环境的变化过于杂乱，也会破坏人的生理、心理节奏。所以形态设计不仅要善于变化要素，造成丰富感，而且要注意要素的变化过程和整体组织建立起秩序关系，使要素的变化有序，形态统一，有协调感和统一感。这儿所指的协调感和统一感是一种修养，应该讲，变化的能力较易培养，而统一的修养更难训练。

2. 重复

"重复"是指同一基本要素反复出现。同一条件继续下去便称为"重复"。"柳州柳刺史，种柳柳江边"，"柳"字的反复出现，产生一种积极有生气的节奏和韵律感；"重复"又是一种强调，街上出现一条黄裙子，并不一定引起你强烈的印象（虽然黄色在大街上显得强烈），然而同时有两三条黄裙子在一起走便能产生强烈的刺激。

重复构成是最简单的构成。建筑上门窗阳台的排列，墙地面的铺贴，多栋建筑的排列等，往往采用重复构成。由于骨骼的重复和基本形形状大小的相同，很易取得统一效果，显示简洁、平缓和混同的情态特征。但也因此容易造成过于统一而缺乏变化的缺点，使简洁成为简陋，平缓成为平庸，混同成为单调。因此重复构成的着力点在于变化，将各种视觉要素及形底关系等进行变化，创造丰富感（见图 2-10）。

3. 渐变

骨骼或基本形逐渐地、顺序无限地作有规律的变化，可以使构成产生自然有韵律的节奏感。骨骼渐变的关键是线间距的逐渐变化，渐变骨骼使构成形成焦点和高潮，利用这个特点，经过精密编排可造成起伏感、进深感和空间运动感等视觉效果。基本形的各视觉元

15

图 2-10　重复构成

a—制香作坊凉晒的香棒束重复排列产生的韵律；b—重复是一种强调；c—重复产生平和的节奏；d—泰姬玛哈
——尖券作为基本形重复出现，而其大小和形底关系（虚实对比）进行变异

素均可以作为形态渐变构成的基础，例如一个形的分裂或移入，两形复叠或减缺的过程等均可以视为渐变构成（见图 2-11）。

渐变是无限的，可以从任何形状渐变为任何形状，关键是渐变的过程应有严格的数学逻辑性：明确始末两个基本形的关系；明确渐变方法及逻辑程序；根据渐变程序，确定演变的大小比率；注意把握渐变效果的整体连续性。

重复构成和渐变构成的变化过程是以明显的严谨的数学关系进行的，构成要素是在大的统一关系中求小的变化，相互之间有很强的联系，显得有规律，我们称其为规律性构成。规律性构成容易建立秩序关系，在变化和统一这对矛盾中，统一占据了主导因素，所以规律性构成的主要工作在于追求变化。但有时设计需要追求更刺激的效果，需要构成的变化更丰富一些，这就要使用非规律性构成的方法。非规律性构成是对规律的突破，基本要素以对比强烈的变化形成视觉上的张力，激起兴奋，从而形成醒目效果，这种没有明显变化

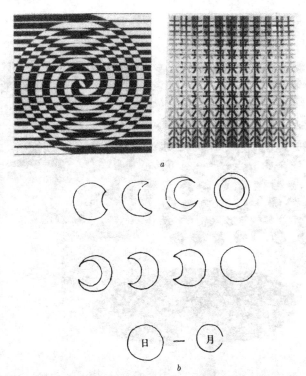

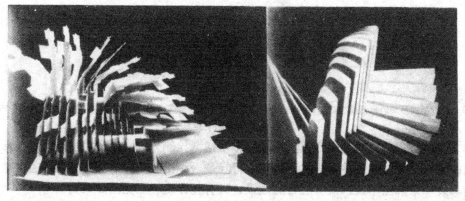

图 2-11　渐变构成

a—渐变骨骼中的基本形；b—日食——两形减缺的渐变过程；c—基本形形状随方向的变化而渐变

规律的构成称为非规律性构成。获得非规律性构成的手段主要有近似和对比。

4.　近似

当形态各部分之间要素变化缺少规律性时，形态整体容易显得涣散，变化占据了主导方面，便应努力寻求规律。如果找不到严格的数学逻辑，那末能找到相近似的规律也好，这就是近似构成。一组形状、大小、色彩、肌理近似的形象组合在一起，虽然相互间的变化过程并没有严格的规律，但因其有同种同属的特征，造成很强烈的系列感，使构成趋向统一（见图 2-12）。近似构成是趋向于某种规律。

5.　对比

对比构成是破坏规律。最常用的方法是在整体有规律时，局部破坏规律，造成对比。比如墙面上的窗户全关闭，而其中某一扇窗打开着，并放上一盆花，这是特异的局部与 规律

17

图 2-12　近似构成

a—圆被一组近似的形减缺而形成的近似基本形；b—要素变化同归一属造成强烈统一感；c—各种蘑菇和蜗牛的
形象造成近似构成

的整体之间的对比。这种对比形成主从关系，往往特异部分成为强调的主体，整体形态成为从属的背景。我们将这种方法称为特异。特异是一种比较安全的对比手段，通过破坏规律，转移规律来解除单调，既有醒目的效果，又有整体统一（见图 2-13）。

基本形的形状大小可以形成对比，色彩的强弱、肌理的粗细可以形成以比，位置的疏密、不同的方向可以形成对比，形态的六个视觉要素都可形成对比。但当基本形的数量较少，而对比的双方在面积、体量上变得势均力敌，任何一方都不能取得统领地位时，整体形态就容易涣散，丧失统一协调感。构成的过程就需要更多地注意第三、四章中所提到的形态力的概念，在形态的操作过程中组织好形态的整体效果。

非规律性构成是相对于规律性构成而言的。非规律性构成并非不要规律，相反，正是因为在达到对比的效果时破坏了明显的规律，所以非规律性构成的主要工作则是寻求一种特殊的规律，从而获得视觉形态变化统一的紧张感。在视觉形态的领域内，对立统一的规律是永恒的。虽然在艺术（包括建筑）发展的长河中，理性和情感是一对矛盾，在不同的发展阶段有不同的侧重点，在侧重情感的一些发展阶段，也许时尚更强调变化，甚至宣称"宁要杂乱无章"，然而这种"杂乱无章"仅仅是呼唤各种风格时尚的并存（彩图 2-14）。各种精神要素的罗列，与形态构成的杂乱无章是处于不同思维层次的两种概念。强调变化、宣

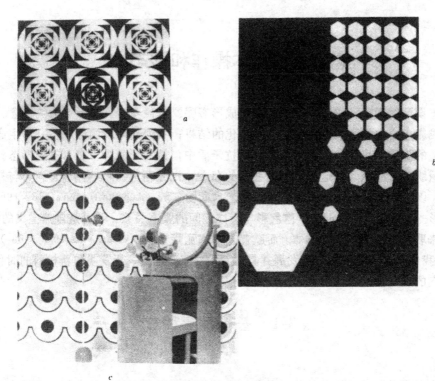

图 2-13　对比构成

a、b—特异是一种安全的对比手段；c—镜面圆形和镜台弧形在墙面上出现——对比构成的主要工作在于寻求规律

泄情感，并不是真正意义的杂乱无章。因此基本训练中的杂乱无章是没有意义的，是不可取的。

第三章　基本操作和形态力

在形态设计的实际操作过程中如何来形成形态呢？这便牵涉到了形态力的概念。生物形态的形成靠生命力的增长，是内力运动变化的结果；在外部环境的影响下，靠生命力克服外部环境的阻挠，从而在内力与外力的对抗矛盾中，最终形成为千姿百态的形态。在人为形态的组织中，应该考虑这种形态内在力的存在，充分利用和联结好形态内力与外力的矛盾冲突，以此作为形态操作的基础。法国艺术家埃尔班（Auguste Herbin，1882-1960）创造了"色彩——形式"这个词，声称色彩与形体之间的紧密关系，不再是自然主义的关系，而是被用来联结出更为复杂的群体。而欧普艺术家瓦萨勒利（Victor Vasarely，1908-）进一步宣称："我们的时代是技术迅速发展并具有新科学、新理论、新发明和新材料的时代，这个时代把它的法则加给了我们。"

§3-1　基本元素和力

1. 点

一个点是最基本的最简单的构成单位，它不仅指明了在空间中的位置，而且使人能感觉到在它内部具有膨胀和扩散的潜能，作用在其周围空间。当出现两个点时便表现出长度和隐晦的方向，一组"内"能在两个点之间产生特殊的张力，直接影响介于其间的空间。以成簇或扩散的形式随意布置一些点，便引起了能量和张力的多样化，这些能量和张力作用于这些点所占据的内部空间。如果这些点的大小再有不同，所有这些感觉便会增强。

点是造型的出发点，是一切形态的基础。点是力的中心，具有构成重点的作用。点主要通过其大小、和背景的色差，以及距视觉中心的距离，体现形态力，影响观看者的心理作用而产生各种视觉效果，比如前进和后退、膨胀或收缩等。在力度不同、疏密关系不同的点之间，视线移动的速率变化造成运动感。（见图3-1，3-2）。

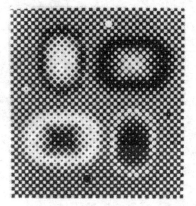

图 3-1　点要素和形态力

图 3-2　瓦萨勒利（Victor Vasarely）的点构成作品
——总星系

2. 线

一条线可以被想象为一串联系在一起的点。它指示了位置和方向，并且在其内部聚集起一定的能量；这些能量似乎沿其长度在运行，并且在各个端部加强，暗示出速度，并作用在其周围空间。它能够以一种有限的形式表达感情，例如细线可以联想为缺少勇气，直线联想为强壮和稳定，折线则联想为骚动，虽然这些感觉均是很粗浅和概括的。一组长度和粗细相同的直线平行排列，可以产生均衡的联结和有韵律的间隔等因素；改变它们的长度和粗细，则出现更丰富的韵律和视觉"冲击"（图3-3）。水平线和垂直线共同作用便引出了张力平衡对抗原理。垂直线表现为一个力，这个力所具有的原始意味是——地心力的吸引，而水平线的原始意味是——一个支撑的平面，两者结合起来产生出一种令人满足似的感觉，因为他们象征着如绝对平衡和直立在地平面上这类人生经验。斜线产生方向上强烈的刺激。一股既趋向垂直方向又趋向水平方向的动力保持着悬而未决的平衡形式，这是一种未被解决的张力所产生的效果（彩图3-4）。曲线关系出现了更进一步的节奏特征，所有这些有关张力和能量的感受进一步增强。

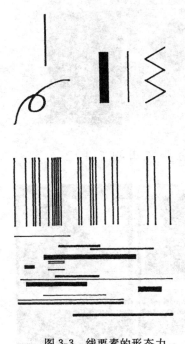

图3-3 线要素的形态力

线是一切形象的代表，直线和曲线两大系统，包括两者的组合，形成各种形象，是决定一切形象的基本要素。因为线由点移动而形成，本身具备着动的力量，所以基于其形状、位置、方向等变化而显示的力量、速度、方向等因素造成的运动感，成为支配形态设计中线的感情的主要条件。

3. 面、块体和三向度领域

无论是扩大点成为面，移动点与线铺成面；还是移动面，围合面成为立体的块体。基本元素形成各种形态的运动过程中都存在着形态力的变化。我们在讨论面和块的形态力，讨论三向度的问题时，只需对以上已讨论过的因素作相应的限定。如用一些长度相同的杆件，首尾相连进行许多不同的构成（这样每一根杆件都具有作为空间中的一个点的特征），比如一组是使杆件的长度逐根增加，一组是围绕一个隐晦的中心聚集，一组构成立方体框架，一组形成等边三角形构架……我们立刻认识到，大和小的形状，色彩或明度，长度或宽度都不存在绝对的标准，因为每一个视觉单元都是受视觉环境和正在形成的内部关系所影响的。比如两条长度完全相等的平行线，当它们与一组发射线和不同的折角组合在一起时，它们的长度和弯直程度看来是如此不同（见图3-5）。或者用改变视域背景的方法来改变它们的内部关系，视觉单元便随之显示出变化。这些动态力甚至会显示在基本单元自身的内部，如把这个单元绕其中心转动，并把它与原来的图形相比较，便可证实这动态力的存在。

虽然我们也许不能很自觉地察觉到它，因为我们往往倾向于把我们所看到的东西和对我们自身在空间中位置的反应联系起来。但是各种形象看来似乎在下跌或被引力因素牵拉，看来似乎在倾斜、在飞翔、在或快或慢地运动，显得自由自在似的，或者显得被受限制似

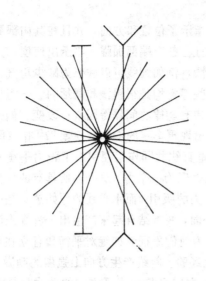

图 3-5

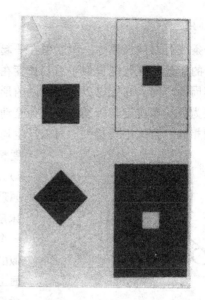

图 3-6

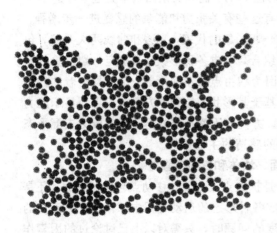

图 3-7 一场"骚乱"被平息了

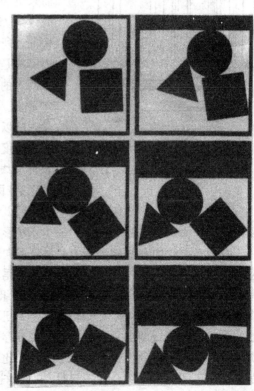

图 3-8 这组连续的图表现出空间被逐渐限制

的（见图 3-6）。比如我们积聚一些基本的印刷点，这些点就直接与人的意象有关，图 3-7 中这些印刷点可以被理解为一场骚乱被士兵平息了——每一点象征一个人，是骚乱者还是士兵，区别仅决定于这些点积聚中所体现的能量和留下的空白的性格特征。再如我们用一些基本形去分割空间，空间被逐步限制，我们便可感受到形象中显示出来的能量以及它们被逐步调整的过程。这有力地证明我们对物理空间的个人经验与对抽象几何图形的感觉是一致的（见图 3-8）。

在实际形态设计中，形态力的存在是影响基本操作的主要因素。

§3-2 积聚、切割和变形

设计中对形态要素进行操作的基本手法无外乎积聚、切割和变形三种、或者是两者、三者的综合操作。

1. 积聚

所谓积聚指一些形态要素的积集聚合。积聚是一种"加法"的操作，用很多最基本的要素、基本形在空间汇集、群化，便能造成各种力感和动感，构成各种形态的雏形。许多基本形态向某些位置聚集（趋近于某些点、某些线，或形成某种结构），或者由某些位置扩散，造成方向趋势上的规律和疏密、虚实上的对比，称为积聚（图 3-9）。

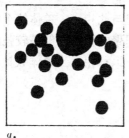

a.

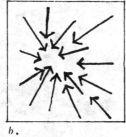

b.

c

图 3-9 积聚

a—小圆向大圆聚集；b—方向性聚集；c—块要素的积聚

在积聚的操作过程中，要素之间和基本形之间的接近性是重要的。星座是在群星中以比较靠近的关系稳定的一些星组成，我们感到连续的点连成了线，密集的点汇成了面，积聚的线、面、块构成各种立体形态，因为群化的形态便于被从繁杂的背景中分离出来。由于形态之间张力的存在，那些较大较粗的形往往成为较小较细的形积聚的中心。积聚而形成的形态成为基调，而聚集形成的中心位置和方向便成为强调。

在基本形的积聚过程中，它们的视觉要素，可以作各种规律和非规律的变化。它们的形状、大小、色彩、肌理，以及它们在空间中编排的位置，可以按重复或渐变的方式进行。同质单体积聚产生近似构成，异质单体积聚形成对比（见图 3-10）。

积聚是以单体的形态为前提的，积聚中单体的数量越多，密集的程度越高，那积聚的

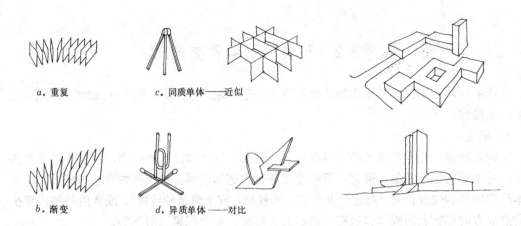

a. 重复   c. 同质单体——近似

b. 渐变   d. 异质单体——对比

图 3-10　要素在积聚过程中的变化

操作特征越强，而由积聚产生的新形态的积极性越高，但与此相应，单体的个性和独立性则越少，趋向消失。反之亦然。在建筑等一类设计中，积聚的特征一般是较强的，单体数量多时，基本单体以简单为宜，注意力应放在总体的操作上；相反当单体数量少时，对单体的推敲是极重要的（见图 3-11）。

图 3-11　积聚的操作特征

a—积聚特征强时，基本形简单为宜；b—单体数量少时，对单体的推敲是重要的

2. 切割

积聚是把基本形态作空间运动，按骨骼系统集积起来成为整体。而相反切割是把一个整体形态分割成一些基本形进行再构成。相应来讲，切割是一种"减法"的操作过程。可以将一个形象或者一个块体作各种不同的分割，从而赋于形态以不同的新的性格。进一步可以去掉一部分基本形，形成减缺、穿孔或消减。也可以把切割出来的基本形作各种位置的变化，加以滑动、拉开、错落、等移位操作（见图 3-12）。因为原本是一个整体，经过切

24

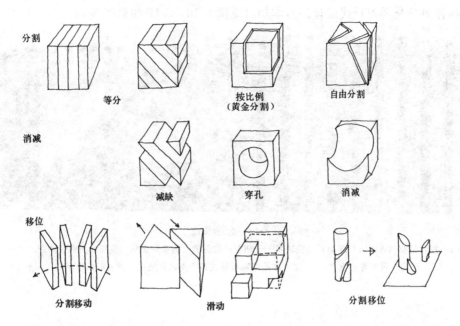

分割

等分   按比例
（黄金分割）   自由分割

消减

减缺   穿孔   消减

移位

分割移动   滑动   分割移位

图 3-12 切割

割移位操作的形态，如果其变化尚能看出原形，那末各局部之间的形态张力会造成一种复归的力量，使整体形态具有统一的效果（见图 3-14）。

3. 变形

将基本素材进行变形，是形态设计中另一种操作手段。将形态进行变形的操作，主要指对基本形态线、面、块进行卷曲、扭弯、折叠、挤压、生长、膨胀等各种操作，使形态力发生变化，产生紧张感，从而形成各种新形态（见图 3-15）。变异的结果称为写形，写形依附原形，但与原形不同。可以认为在变形的过程中原形有着逐渐膨胀、分散的倾向，从有秩序向无秩序过渡的倾向，从主观的、机械的操作到无意识的、情感的创作的倾向。这种变形的形态操作过程（同样也适合于积聚和切割的操作过程，如果把变形的概念扩大的话，积聚和切割也是一种变异）帮助形态设计中逻辑与情感这两种思维元素的结合。

图 3-13 赫普沃恩（Barbara Hepworth），两个人型，——切割穿孔的方式充分表现了雕塑形式的可能性

用积聚、切割和变形这些形态操作的概念来分析既成的建筑作品，我们会发现一些好

的形态设计往往自觉地运用了这些现代的操作手段，创造出美好的形象来。应该说掌握这些形态操作方法是学习现代设计的基本功（见图 3-16，3-17 和彩图 3-18）。

图 3-14 分割移位

a—柯尔伯特（Willian Culbert）掷铁饼者——切割移位创造了运动的感觉，竖条间的白色间距
作为一种闪烁的韵律；b—立方体的切割滑移使各局部之间造成一种复归的形态力

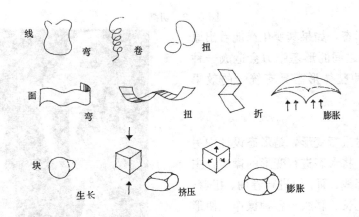

图 3-15 基本要素的空间变形

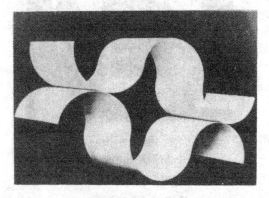

图 3-16 新雕塑派艺术家安尼斯利（David Annes-
ley）的雕塑作品——面要素的变形

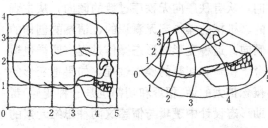

图 3-17 直角座标中的人头骨像在曲面的座标系中
变异为猩猩的头骨像

§3-3 联结部位和结构特征

积聚、切割、变形是对整体形态的操作，注重的是形态的整体基调。而形态结构的联结部位则是形态操作处理的重点，也是操作中形态变化的重点部位，一物与另一物的联结部、各物端部、末稍的处理，最能体现形态的结构特征，成为整体形态中的强调部分。

1. 不同性质的联结

不同功能部分之间的拼接是造成联结关系的最根本的原因，比如瓶子与瓶盖之间的联结，电池与电极簧片之间的联结，都是在不同功能的局部之间产生；形态的端部往往是使用的"工具"，由于其不同的功能要求，造成与它物之间不同的联结方式，比如食性不同的鸟会生成不同的啄，这是鸟嘴与食物之间的联结；乐器的吹奏口要考虑与人嘴之间的联结关系。中国建筑中曲线形的坡顶、檐口滴水以及封火山墙则是与水和火之间因功能关系产生的联结。抛物面的坡顶使雨水形成平抛运动的加速度，以檐口滴水作为端部将水抛出去，保护下部木结构；封火墙高耸出屋顶避免火烧连营。功能的联结决定了形态（图 3-19）。

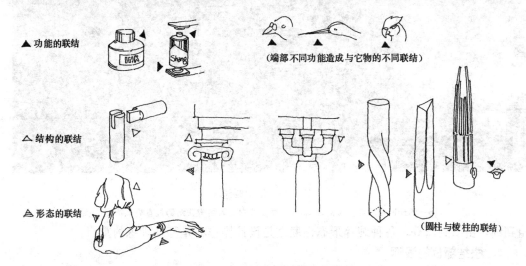

图 3-19　不同性质的联结部位

形态各局部之间的结构联结是形态设计中必须重视的因素。对于这些结构联结部位，要考虑到构造简单坚固，方便制作加工。蜘蛛结网在每一个联结点上都进行加固加强；鲍豪斯学院的家具设计重视联结部位的构造节点的设计。注重结构联结部位的经营处理，体现了现代设计理性主义的方法特点（见图 3-20）。

功能性联结部位和结构性联结部位不仅是设计中必须理性解决的技术部位，而且这些部位正是形态操作中进行变化的主要部位。建筑中柱头和柱础部分往往是形态处理的重点，它们对于柱子来讲是柱子的端部，对于柱子与梁枋、地面之间的关系来讲，是与后两者的联结部位，借助于这些部位的变化我们得以区分西洋柱子中爱奥尼克、陶立克、科林斯等不同的式样；中国建筑也正是抓住这些部位变幻出斗拱、枋子头、雀替、霸王拳等装饰构件来。服装设计中衣服的大身、袖筒变化不大，而肩部袋口等联结部位，领尖、袖口、下摆、裙边等端部的变化千姿百态。我们的基础训练应给予这些部位以充分的重视。

不同构件的穿插，不同材料的交头，不同形体的转折，不同色彩的过渡，由方到圆，由

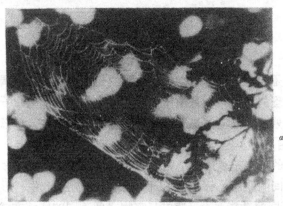

图 3-20 结构联结

a—蜘蛛网在联结部位的加固；b—蓬皮杜中心的结构联结部位有类似特点

粗到细，由旧到新等，各种纯粹形态性联结是设计操作亦是基本训练的重点。

2. 联结部位的强调

荷兰风格派建筑师的乌德勒支住宅体现出一种强烈的特征。因为建筑师认为一间房子是由六个面围合而成，建筑构件，包括墙块、阳台板等则充分表现面与面的联结特征，使墙转角处的一些面伸出另一个面之外，阳台柱子、扶手等无关的构件或不能强调为面的构件，使成黑色并减弱，不影响对面与面之间联结特征的强调。事实上对联结部位的这种处理不仅是一种强调，简直是一种对联结特征的夸张的表现，这种方法值得我们借鉴（彩图3-21，3-22）。设计中应予强调夸张的正是这些部位。

3. 形态的结构特征

形态的构成不可能脱离具体的结构形式而存在，在形态的基本操作训练中应熟悉各种结构特征。比如线材可以张拉、结网，组成框架；板材可以折成空间的结构，弯成拱壳，围合空间；线、板、块材都可以组合、叠积。通过各种结构性的操作，形成新形态（图3-23）。

形态的结构特征不同，反映出形态内在形态力的不同，使形态体现出各种有个性的情态特征。比如线构成因为其充满弹性而有紧张、空灵、轻快的感觉，面构成具有表面的广

28

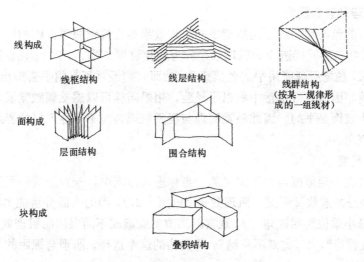

线构成　线框结构　线层结构　线群结构
（按某一规律形
成的一组线材）

面构成　层面结构　围合结构

块构成　叠积结构

图 3-23　形态的各种结构形式

延性和空间的包容性，块构成具有重量感，显得充实、稳定……，在形态操作中对于这类由结构特征引起的情态特征，应充分利用，加以强调，甚至夸张变异地运用（彩图 3-24）。

§3-4　肌理形态和材料特征

形态操作是对实际材料的操作，而概念元素、视觉元素的变化亦必须依附于具体的物质材料而存在，这牵涉到物质材料的材质特征。进一步的形态设计训练，离不开对材料质地、加工和肌理状态的研究。物体材料的不同质地和表面纹理的不同编排，反映了物体的物质属性，这种色泽，质地和纹理编排称为肌理。

1.　质感和肌理

一般认为质感是肌理的同义词，把肌理理解为人对不同材料质地单纯的感受和描绘，这是强调了肌理作为物质的表现形式这个方面，这样的认识是重要的。材料手感的软硬糙细，光感的浓暗鲜晦，加工的坚松难易，持力的强弱紧弛，……这些特点调动起人们在感知中视觉、触觉等知觉以及其它诸如运动、体力等感受的综合过程，直接地引起雄健、纤弱、坚韧、温柔、光明、灰涩等形态心理（彩图 3-25）。正确认识和选择各种物质材料的物理特征，加工特征以及形态心理特征，是形态操作过程中的重要工作。然而单纯地强调肌理作为物质的表现形式这个方面，就会造成被动地去表现材料固有的质感特征，而忽视了用材料创造新的肌理形态的可能性。

我们可以把"肌"理解为原始材料的质地，把"理"理解为纹理起伏的编排。比如一张白纸可折出不同的起伏状态，花岗石可磨制为镜面状态，虽然材质并无变化，但肌理形态却有了较大的改观。可见在设计中对"肌"主要是选择问题，而对"理"却有更多的设计可能，因此我们应把更多的注意力放在对纹理起伏的编排上。同样是一块钙塑装饰板，作龙凤等传统图案设计的是把它作为平面纹样来对待，仅仅是利用了钙塑板的质地。而作几何图形起伏编排设计则注重创造新的肌理状态。两种设计思想属于不同的思维层次，反映出对质感、肌理概念有不同的理解。

29

2. 视觉肌理和触觉肌理

因物体表面的色泽和花纹不同所造成的肌理效果称为视觉肌理。因物体表面光糙、软硬、粗细等起伏状态不同所造成的肌理效果称为触觉肌理（彩图 3-26）。视觉肌理只能用眼睛才能分辨出来，触觉肌理能用手去触摸感受。然而人们经常不是用手去摸出肌理状态，而是用眼来体会的，因为日常生活中积累了经验，用眼同样可以感觉到触觉肌理。其实严格来讲，没有一个表面是平的，因此触觉肌理与视觉肌理之间不存在严格的界限，这便是有关肌理的尺度概念。

3. 肌理的尺度

事物都是放在一定范围内来下定义的。当你进入沙漠中，一粒粒黄砂呈肌理状态，而在空中观察，沙丘的起伏又形成了肌理效果（彩图 3-27）。因为人眼分辨能力的限制（人眼可以分辨出的最小单位为明视角 1′），观察距离改变就造成不同层次的肌理效果。工匠所说的"远看色，近看花"，"一丈高不见糙"，都是指的这个道理。肌理与视距的关系即肌理的尺度概念。

任何现实形态都占有实际空间，严格来讲都是立体形态。但我们习惯上把一张纸看成平面，这是因为观察时考虑的角度不同，事实上我们是以不同的量度层次来区分物体所属的形态类别的。在某个量度层次上，我们只能感受其两个向度上的尺度，我们称为平面，即物体的第三向度上的尺度小到可以略而不计。而在同一层次上具有明显的三向度的尺度的物体，我们称为立体。而把处于立体与平面之间的中间状态称为肌理，就是说，当物体表面的起伏相对于其上下左右两个向度的延伸趋势，尺度有较大的差异时，就是肌理形态。

从肌理的尺度和形态的层次概念出发，我们把肌理形态的定义作了扩大和引伸，肌理不只是指近视距时材料所呈现的质感特征，相对于一定视距来观察，某个表面上任何尺度的起伏编排，都可以表现出肌理形态的特征来（见图 3-28）。

4. 肌理的创造

掉了瓷砖的墙面有破相的感觉，这是因为材料的混杂状态会破坏肌理的美感，"肌"必须同质；而如果纹理编排呈杂乱无章，也会使人感觉不适，故而"理"必须有序。因此，材料的同质，纹理编排的有序是肌理形态的基本构成规律。肌同质，理有序，是创造肌理形态的总的原则。

获得视觉肌理的方法很多，如绘图中各种干或湿、迅或缓、有规律和无规律的笔触都能成为一种肌理；同样，利用拓印、喷洒、渍染、擦刮、熏炙等等各种特殊方法也可以创造出视觉肌理来（见图 3-29）。赋予设计形态以任何实际材料，则产生触觉肌理。利用不同材料质感上的差异，进行拼装组合，造成对比协调关系，这是肌理设计的方式之一，是习惯上使用最多的方式。但是这种方式却是把肌理作为平面来对待的，对于某些设计领域来讲，肌理的确亦只是平面设计的一个特殊方面。对于像建筑等一些设计领域来讲，如果没有从编排纹理，组织起伏的角度来考虑，还不能算是真正含义的创造肌理。

拼接，是创造肌理形态的又一个手段。任何相似的东西（小到种籽、砂粒，大到门窗、阳台、甚至更大），粘贴在某个表面上都可以形成一种新的有规律的起伏状态而形成肌理效果，并且只要有序就能产生美感。建筑设计中各种表面上重复的构件，如能从起伏编排的肌理概念出发来进行组织，将能造成更好的视觉效果。而用各种硬边或软边的素材，甚至有图像的材料拼贴剪接，创造视觉肌理，甚至成了视觉艺术中专门的流派门类（图 3-30）。

图 3-29　溅泼在湿纸上的墨迹形成视觉肌理　　　图 3-30　卡马戈（Sergio de Camargo）大型白色裂缝
　　　　　　　　　　　　　　　　　　　　　　　　　　浮雕第 34/37 号——横七竖八的小圆柱体
　　　　　　　　　　　　　　　　　　　　　　　　　　铺满画面，创造了肌理形态

　　改造肌理，利用材料本身的特征进行各种加工，比如皱摺、敲打、针刺、贯孔、切折，或其它方法，使其原有的肌理状态有所改变，造成新的起伏状态，应是创造肌理形态的主要方式（彩图 3-31）。比如利用纸的柔软、光洁的特征、进行各种操作，便可产生出各种不同于原始材料的新的肌理形态来，这种方式同样适合其它材料和其它场合（彩图 3-32）。但是在我们的实际设计工作中，这种方法却较少被注意到。

　　对肌理的概念和构成方式作如此理解，于建筑设计工作是有特殊意义的。建筑的尺度较其它产品要大得多，往往要被从不同的视距来观赏，因此在设计中仅从材料质感的角度考虑是不够的，更需考虑改变原始材料起伏编排的可能，在各种尺度层次上创造出丰富多姿的肌理形态来（图 3-33）。

　　在对各种层次肌理起伏状态的设计操作中，注意力应转向对光和影的分析和处理。肌理单元凸起在平面上，宜使它们的阴影降落于适当的位置，以强调和夸张光影效果。因为肌理状态不仅体现了材料的物质属性，而且反映了表面状态、细部状态、直至更大尺度的起伏状态，如果能恰如其分地进行设计处理，便可丰富形态的内涵和表现力。

　　在形态的设计过程中，形态操作是其最主要的步骤。具体的形态操作过程，不仅分析了形态内在的力、能、势的各种关系，形成各种提供选择的形态雏形，而且正是在这个操作过程中，我们"把各种思维元素联结成新的形象系统"，从而在设计的目的意图和设计作品的形态之间架设起"桥梁"。

第四章 形态的组织

认识形态本质和掌握形态形成、操作规律,是为了组织好的形态,形态设计中构成的方法虽然是千变万化的,但却不是没有准则的。首先,由于人的感知心理以及工业化生产的特点,这种变化必须单纯,即尽可能用简单的构造去认识组织对象。要使形态组织得单纯,一是构成要素要少,二是变化连续不可分割,三是形象明确肯定。我们以这些原则来处理设计对象形态的整体和部分的关系,部分与部分的关系,就容易形成单纯化的、协调统一的、便于识别的设计形态。但是形态设计的历史长河从不是这样的单纯平静,一如牧歌似的朴实理性。形态设计工作不会仅仅是停留在认知形态符号这一个层面上,即仅仅是辨认"这是什么","这是做什么用的"。随着社会的发展延进,人们不断追求冲突,追求戏剧性效应,追求进一步,更进一步的复杂深邃的情感因素,从而表现出各个历史时期中理性与情感之间的冲突和撞击,有的时候有的作品,理性占主导因素,又有的时候有的作品,情感占主导因素……应该说,设计形态,即使是建筑形态,也是有丰富的表现力的。一个好的设计,或者说组织好一个形态,就是要在冲突和完形,复杂性和单纯化之间建立起一对必要的张力。

§4-1 完形和单纯化

1. 形态感知心理

人们主要是靠视觉来感知形态的。视觉的感知过程包括三个阶段:一是感知对象发出或反射的光波被眼睛捕获,这是物理过程;二是视网膜接受刺激送达大脑,这是生理过程;三是大脑皮层对刺激的解读,这是心理过程。视觉感知过程是一个物理——生理——心理的综合过程。感知心理学对这个综合过程进行了研究,实验表明,人在观察对象时眼球在迅速转动,视线快捷地扫描对象,为了便于识别,视线对形态边缘和转折联结的部位扫描较多,而对大面积区域则一扫而过。在此基础上,进一步调查光刺激视网膜时所引起的电流状态,发现在视网膜上图像的周边被连结并逐渐扩大,形成视诱导场。诱导的强度离图像越近就越强,而在形态转折处诱导线加密(图4-1)。这个研究表明,单纯化是视知觉在接受对象时的基本法则,对于过于繁复

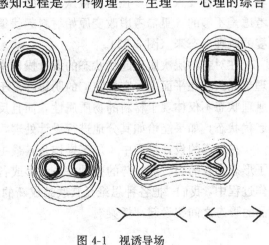

图 4-1 视诱导场

杂乱的形态,视知觉会因感到疲劳而拒绝接受,人们便放弃了认知过程。这就是为什么单纯的形态容易识别,也易于记忆,而复杂的形态不易被认知,在记忆的过程中也往往被逐渐单

纯化的原因。达·芬奇认为：从远处看，人的身态似乎变小，显得又圆又暗，各种细部融在一起。这种观察是正确的，也是基于单纯化的原理，当感知对象的物理刺激减弱时，单纯化也同时推进。由于这种要求单纯化的心理存在，对于环境复杂的形态也往往造成视觉感知过程中的错视现象，而只有在我们反复仔细地核对中，才会发现视知觉的"错误"。

构造简单的东西容易被识别，因此在形态设计中，我们应尽可能用简单的构造去认识和组织对象，形态设计必须单纯化。那末，如何才能单纯化呢？美国心理学家阿瑞提(Silvano A-rieti)认为：诸如感觉、知觉、学习、记忆、观念、联想等等这些不同水平的认识，都遵循三个基本操作模式。我们可以利用他提出的三个模式来解释单纯化这个视觉心理过程。

2. 相似模式与同一性

人们识别形态的基本点是把形象从背景中区分出来，如果区分不出来，形象含混不清，认知的过程就不复存在，更谈不上组织好形态。感知心理学把这种认知过程称为完形（格式塔），在感知形态的综合过程中，完形属于心理阶段。

a

b

图 4-2 同一性

a—形状同一 大小同一 色彩、肌理同一；b—各局部尺度比例相同一；c—方向同一——沃尔拉夫·理查兹美术馆
向上的趋势与科隆大教堂哥特式的塔和券方向一致

识别形态的第一种模式是相似模式。检查色盲的小册子是由不同形状、不同色彩的小圆点组成，其中相似的圆点就构成一个组合的形体，被从背景中区分了出来。这在心理学上称为迁移过程，我知道黄蜂会刺人，那么见到与其相像的昆虫都会有些担心。这种相似模式的心理过程，把各个个体的个性暂时抹煞了，而它们之间所具有的相同的因素加强了个体之间的联系，这就使心理过程单纯化了，形态则便于理解。这种使形态单纯化的模式，在形态设计中可称为同一性原理。

33

同一性指部分与部分之间的联系。组成形态的各个部分之间,在形状、大小、色彩、肌理、位置、方向等方面特征相似时,它们的相似性便构成了形态的基调。这种基调使形态各部分之间增强了联系,从而使整体形态单纯化。

　　按同一性原理处理的形态具有调和的特点,调和这个词的概念本身就包含了"有相似点,有类似性"的意思,部分之间互相适合不矛盾、不相互排斥、不分离,被赋予秩 序,因而处于安定的状态,这便产生一种理性的美(图 4-2)。

3. 接近模式和连续性

　　被经常在一起体验到的感觉材料由于互相接近,而产生为单一的效果,那末它们就易于同时被再次体验到。比如条件反射实验中,铃声与食物的多次反复。多次见到 A 后面是 B,这样两者的接近,就使得它们之间的关系单一了,被从世界的其余部分中分离了出来,被看成一个整体。这种心理过程便是接近模式。对于形态的感知,道理也相同,可以称为连续性原理。图 4-3.a 中每一个单体后面转一定的位置就出现一个新的单体,如果有一个偏离了这个连续的变化规律,就造成形态力的紧张,整体形态似乎要把这个离群者拉回来。

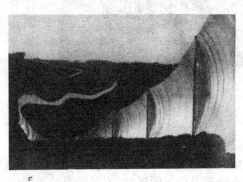

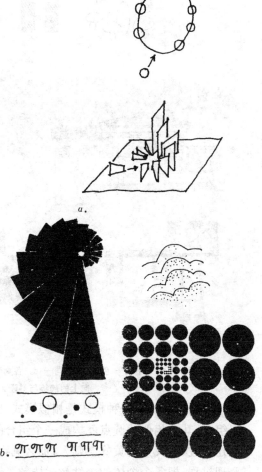

图 4-3　连续性

a—把离群者拉回来;b—连续性产生节奏和韵律;c—连续性强化了部分与整体的联结

连续性指形态局部的变化与整体之间的内在关系。连续循序的变化使形态每个局部都变得不可或缺，因此强化了各部分与整体之间的联系，使整体形态单纯化（彩图 4-4）。

4. 趋合模式和一体感

从技术上讲。图 4-5.a 左侧的图形不是三角形，但我们会把它看成一个完整的三角形，形态力促使视知觉在断裂处感觉到一种跳跃，而使形态趋合起来。格式塔心理学认为这种趋合的心理过程可以填补空缺，产生整体的知觉，使形态完形。门捷列夫元素周期表的发现是在还有许多元素没有被发现之前。事实上我们经常是先看到、知觉到代表了整体的部分，或者甚至只能一个个看到局部，对于整体的知觉是靠我们心理上的趋合反映而形成的。如果看到这些有代表性的部分就可以想象整体形态，那么整体形态必然是单纯化的。我们把这种道理称为一体感原理。

可趋合　　　　不可趋合

a.

图 4-5　一体感

a—趋合模式；b—莫里斯（Robert Morris）的极少主义艺术作品——断裂的细缝所引起的趋合心理，反而加强了形态的一体感；c—混然一体的形态显得单纯

一体感指部分代表整体。由于有能够代表整体的部分存在，使整体形态趋于单纯，造成一体感。但是"部分"的概念与"片断"是有区别的，图 4-6 中 a 的片断 b 都不能代表 a，而部分 d 却可以趋合为 a（当然不能趋合为 c，它不是 c 的部分）。传统构图原理有一种手段叫对位，认为把各部分的位置对应起来，整体效果就好。这是因为部分的位置代表了整体形态，增加了联系，使整体形态趋于单纯（图 4-7）。

诸如统一、调和、节奏、律动、对称、均衡、比例、尺度等等现象，都能用完形心理的三个模式来解释。单纯化是造型心理的最基本的原理和法则，这是一种理性的原则。

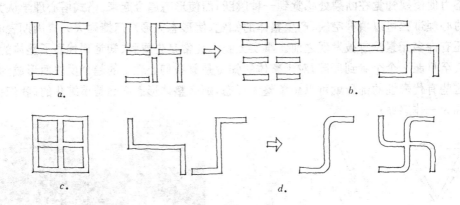

图 4-6 整体与部分

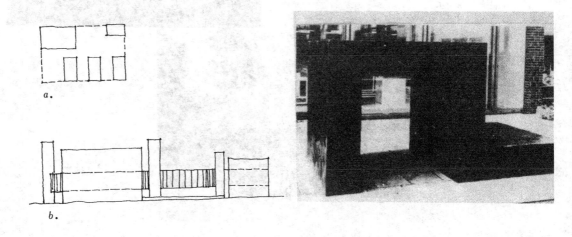

图 4-7 对位加强了一体感
a—对位（部分的位置代表了整体形态）；b—同济
大学建筑系馆的对位关系

图 4-8 史密斯(Tony Smith)游戏场——的确是
一场极少主义的游戏，这是史密斯
将他朋友一个索引卡片盒的放大

§4-2 冲突和复杂性

1. 表意性的形态和形态的表现力

单纯化原则在现代设计中化为一句口号——"少就是多"，被遵为现代主义的经典原则和最高境界，摈弃外加的装饰，提倡用尽可能简约的构造创造美的形态(图 4-8)。"少就是多"成为几代人的时尚。这原本是从工业生产流水线、大批量、商品化的需求提出来的，寻求一种对机器美的表现，这是时代造就的一 种美学原则。原则是存在的反映，是在需求和实践之后形成的，然而当原则一旦形成就会有极大的惯性。"少就是多"曾经是代表现代设计对陈

36

腐的学院派设计的革命,但随着时间的推移,这种简约的趋向却又成为自己的反动,从生气勃勃的实践中退回贵族式的精神樊篱。极少主义(最简单派艺术)便是一种表现,他们夸张"格式塔"(完形),把它推向了极致,使形态成为"隔绝在自己环境之中的存在",他们有意识地在非表现性上下功夫,声称:"艺术家只提供贯穿所有空间的完整序列形象的一部分,这种完整序列是可以想象的,于是就让观者的想象去填补其余。"这样的观念已背离了"少就是多"原则的本来意义。"少就是多"的口号是就形态表现力的角度提出问题的——少也可以表现得多,以少胜多(彩图 4-9)。而抽去了表现性这个精髓,口号的生命力也就消失,当出自一种少花力气多办事的信念时,"少"也便就是少了。最简单派的艺术像是一种自我取消的艺术,这种极少主义的观念进一步体现在设计范畴中,使"少"变得令人生畏。于是便有从波普艺术反对现代主义的简约观点和学术机构的唯美主义,一直到后现代主义提出复杂性、双重译码等新观念产生。这似乎是一种反向的革新,但同样是社会的变迁和需求时尚的变迁所促成的。模糊、混杂、矛盾、冲突、戏剧性……总之提倡表意性,这本就是形态设计另一个重要的侧面。

形态是有表现力的。我们在第一章形与态一节就提到什么形便有什么态,形与态不能分离。比如千手观音,这么多的手形成一组线构成,这些轻快、空灵、充满弹性而富有紧张感的线具有如此强的魅力,以至形态的构成特征改造了一代代的工匠,在他们手中男性神像化为了美女(图 4-10)。形态不仅改造了观念,而且改造了自己,可见形态的表现力是很强的,学习形态设计必须研究形态的表现力。表现力在这个概念层次上相当于一种戏剧性因素,而所谓戏剧性便是冲突,各种各样因素的冲突。

与前面各章节所述的形态本质原理和形态形成组织原理相比,形态表现力的原理相当于描述形态语言的"修辞"特征。

2. 形态力的冲突

这种修辞特征首先体现在形态力的冲突上。空间中每一个基本形态都直接呈现占有空间的意图,它们看起来似乎都蓄有能量,似乎都在推进或撤回,这些占有空间的力是如此强烈,以致我们刚一看到这些形,就产生这种感觉。形态对空间的这种占有倾向,我们称它为空间感。空间感不是指空隙、余白,指的是形态向周围扩张的心理空间,是一种势头,是形态给予人们的潜在的视觉、触觉和运动感觉,它基于人们对客观存在的物理量的经验,形成既依存于物理量又超出于物理量的心理空间(彩图 4-11)。形态操作中这种力、能、势心理量的冲突,便是形态语言中最基本的戏剧性因素。戏剧演员拉起了山膀,扩大了造型的量感,然而演员的体量(物理量)并没有增加;两个公鸡相扑,展翅翘尾、颈羽勃发,以图扩大自身的量感增强对对方的心理压力。我们的设计同样应该考虑到形态在空间中力的扩张感、收敛感、量感、运动感的冲突,才能把形态组织得生动且富有生命力。

建筑的檐口,长长的一条线,"在其内部聚集起一定的能量,显示在沿其长度方向运行,并且在各个端部被加强"(见§3-1),使形态向两个端部方向产生扩散感。为了削弱形态过于扩展开去的趋势,不论是中国古典建筑,还是西洋古典建筑,(经过长期反复,千锤百练,定型为最美的形式)都将两端开间的柱距收缩,创造一种约束的力量,形成收敛感,这一张一缩,造成视觉力量的紧张感。同理,柱式收分、卷刹曲线创造一种向上的弹性感,也与上部荷载的重力形成戏剧性冲突。丰富了形态的内涵,使形态更具魅力。康定斯基指出:只有具有紧张感的构成,才是好的构成(图 4-12,4-13)。

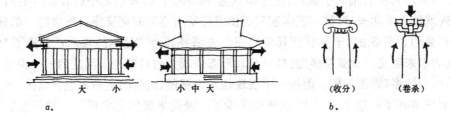

a.　大　小　　　小中大　　　b.　（收分）　（卷杀）

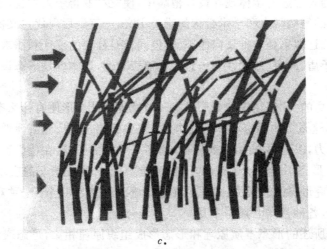

c.

图 4-12　"只有具有紧张感的构成,才是好的构成。"

a—扩散与收敛的冲突;b—弹力与重力的冲突;c—由于水平和垂直方向产生的冲突造成的动态力——表现了
冲击着强劲的管状结构"草"的风力

图 4-13　安努茨凯维茨(Richard Anuszkiewicz)
张力的分区

图 4-14　穆尔(Henry Moore)镇闭——充满量感
的形态

内力与外力之间的紧张冲突，使形态具有量感。量感不仅是指其实际重量、体量，而且指它们在视觉上的转换。塑造形态具有结实、膨胀、与外力的抵抗感、自在的生长感等都可造成量感（图 4-14）。创造量感并不取决于用料的多寡，形态操作中权衡形态内在力与外力的冲突，提供了形态充分表现的潜在可能性，使形态充满生命力（见图 4-15 和彩图 4-16、4-17）。

图 4-15　金(Phillip King)成吉思汗——形态
　　　　　充满生命力

图 4-18　戈尔基(Arshile Gorky)订婚，作品二号
　　　　——"充满隐喻和联想的抽象表现主义

3. 多而杂处的形态

形态力的冲突是形态设计中最基础的表现性因素，它不仅适宜于单纯的形态，同样适宜于复杂的形态。当我们提及"复杂"的形态时，不得不进一步提及表意性问题。古典主义并不缺少单纯，但是有内容；现代主义的杰作不一定缺少内容，但它追求单纯；而被推到极端的现代主义当然更不缺少单纯，但却摈弃了表意，就如"只学会了模仿掉下来，但却不是雨点"一样。这种倾向包括了一切源自于鲍豪斯的硬边艺术、非绘画性的抽象艺术、欧普艺术等等的极端的一面，当然也包括了它们在建筑等视觉形态设计中的反映（图 4-18）。它们"在自我界定的过程中，往往倾向于消除一切与其艺术形式不一致的成分。根据这个论点，视觉艺术将被剥夺掉一切视觉之外的意义，不管它是文学性的或者是象征性的。"因此，要在这个时代背景上强调内容，强调表意，就必须朝着复杂性的方向走，来一个反动，虽然单纯的形态同样可以有表意性。

为了使形态表达某种意义，必须运用形态语言不同的冲突和拼接，不同时代的、不同语义的、技术和艺术的、象征和隐喻的、双重译码的……显然复杂些的形态更容易表现，就如同人物性格复杂些就容易出"戏"，因此多而杂处的形态更适宜于表意（彩图 4-19）。从形态基础训练的角度出发，我们不必认定这种多而杂处的表意性一定是与历史和现实中某些特定的流派相联系，但它毕竟是形态设计和基本训练中一个重要的方面。在基本训练中注重的是不要让复杂性同随意性和杂乱无章等简单地等同起来（见图 4-20、4-21）。

图 4-20 贝聿铭将现代技术的几何形体和古代金字塔的含义叠加在卢佛尔宫上,造成了
冲突和复杂性

图 4-21 威尼斯双年展——后现代建筑师的一次集体大亮相

第五章 空 间 形 态

所谓空间形态,指"空虚能容受之处"既谓空虚,必能容受,既欲容受,便需设计。然而空间形态不同于平面、肌理、立体等实体形态,有其特殊的形成、操作和组织规律。

§5-1 空 间 的 形 成

1.积极形态和消极形态

"埏埴以为器,当其无,有器之用。凿户牖以为室,当其无,有室之用。故有之以为利,无之以为用。"(老子《道德经》)和泥做罐子,开凿门窗盖房子,利用了实际材料,目的却是内部能容受的空虚。操作中罐子是长颈、是偏圆,有无把手图案;房子有高有矮,结构构造用料器材,起积极作用的是可知觉、直观化的实际材料,而依附这些实体材料存在的空间,却是消极被动的,罐子碎了,房子拆了,材料还在,而所限定的空间却消失了。我们用一些点连成线,这些点是积极的,线是消极的,同样用一些线围成面,这些线是积极形态,面则是消极形态,把这些点和线拆散了,由它们形成的新形态也就不存在了。从形态设计中操作的手段和过程的角度来讲,实体形态是积极形态,依附于积极形态而存在的空间是消极形态。

然而,如果以使用目的角度来讲,操作的重心就转向空间,在设计中空间便转为积极形态,而实体形态则下降为消极形态。也许做罐只需要有足够的容量,什么形态都行,而作为供人所活动的空间,其形态、大小、情态、氛围,都起到了积极作用,需要认真对待。对于建筑等一类设计范畴,空间形态是真正的"主角"。在本章的训练中,应该把注意力从实体转向内部和周围的虚空里来(图 5-1)。

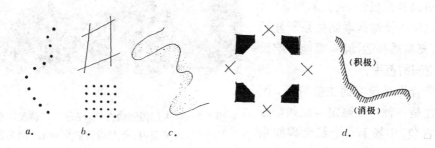

图 5-1 积极形态和消极形态

a—消极的线;b—消极的面;c—实体形态限定的空间;d—椅背曲线实体部分是消极的,虚空部分是积极的

2.垂直方向的限定

空间本身是无限的,是无形态的,由于有了实体的限定,才得以量度大小,进行构成,使其形态化。限定一个空间无非从两个方向来动手。一是水平方向,由于有重力,首先需要有个底面,上面再复一个顶面,便能限定出空间来。另一是垂直方向,周圈围合起来也就限定了空间。

用垂直方向构件限定空间的方法有"围"和"设立"。

围 围是空间限定最典型的形式。围造成空间产生内外之分,一般来讲,内部空间是功能性的,用来满足使用需求。

同样是围,包围状态不同,空间的情态特征相异。全包围状态限定度最强,比较封闭,从而具有强烈的包容感和居中感,人居于全包围状态的空间中感到安全,空间情态私秘性强,而当空间尺度很大时,全包围状态创造了纪念性。当包围状态开较大的口时,开口处形成一个虚面,在虚面处产生内外空间的交流和共融的趋势,这种形态力的冲突造成向内部空间强烈的吸引。双开口状态形成方向,产生轴线,空间形态指引性强,若形态操作进一步强调轴线方向时,形态的纪念性增强,而减弱轴线时,则空间转折显现活泼。多开口状态的空间形态具有强烈的内外空间渗透感,形态对于外部空间有强烈的聚合力,人处于外部时有强烈的参与欲望,但是其内部空间的居中感、安定感消失,因此人一旦进入内部,不用多久便欲离去。包围状态的开口越多越大,形态对外部的聚合力越强,对内部的限定度越弱;而当内部空间逐渐缩小并发展到极端时,内部空间只具有象征性意义,其对空间的限定范围则转到实体形态的外部,这便是"设立"(图 5-2,5-3)。

设立 物体设置在空间中,指明空间中某一场所,从而限定其周围的局部空间,我们将空间限定的这种形式称为设立。设立是空间限定最简单的形式,设立仅是视觉心理上的限定,设立不可能划分出某一部分具体肯定的空间,提供明确的形状和度量,而是靠实体形态的力、能、势,获得对空间的占有,对周围空间产生一种聚合力(彩图 5-4)。与其它空间限定形式相比较,在设立的操作中实体形态有很强的积极性,它们的形状、大小、色彩、肌理以及结构联结关系所显示的重量感、充实感和运动感,都能影响设立所限定空间的范围。

因为聚合力是设立的主要特征,因此设立往往是一种中心限定。比如草原上一个蒙古包、广场上一个纪念碑能招集人们向中心集中;在交通繁忙的大厅中,柱子周围也往往是人们聚集停留的

图 5-2 学生们围圈做游戏,注意一位调皮的学生坐入了圈内,但却以背朝向中心,因为圈内为表演所用,围定的空间对他造成心理压力。而圈外的摄影者无此感受

场所。而当形成设立的立体形态取一种横向延伸的趋势时,这种聚合力也会顺着这种趋势产生导向的作用(图 5-5)。

3. 水平方向的限定

用水平方向的构件限定空间的方法有"覆盖"、"肌理变化"、"凹"、"凸"和"架起"。

覆盖 覆盖是具体而实用的限定形式,上方支起一个顶盖使下部空间具有明显的使用价值。然而利用覆盖的形式限定空间并不一定是为了具体的使用功能,从使用的角度衡量,覆盖所限定的空间是明确可界定的,但从心理空间的角度分析,它所限定的空间并不能明确

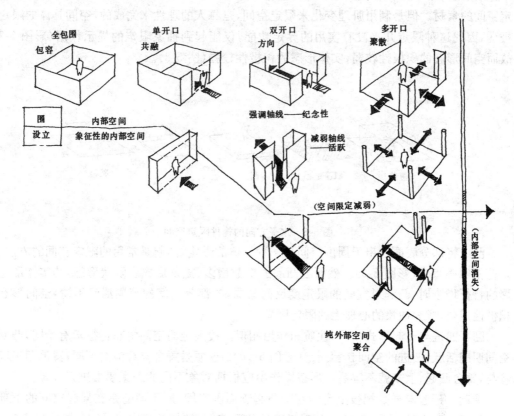

图 5-3　垂直方向的构件限定空间

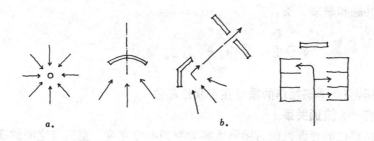

图 5-5　聚合力产生的标志性和导向性

a—标志性；b—导向性

界定(彩图 5-6)。餐桌上方悬一柄小伞盖便能使四座均得到心理上的安定，这只是一种抽象的心理上的限定。大厅里降下一片顶棚反而创造出一片雅而宁静的场所，柜台前吊上一组架子使顾客不易受干扰而流连忘返，这类覆盖的使用与其说是一种实用目的，不如说是一种象征手段。因此在覆盖的形态操作中空间形态的作用积极，应着重于塑造空间的形状大小和氛围，而不宜对构成覆盖的实体材料作过分的渲染。

肌理变化　越是必须的条件，越往往容易被忽略，我们可能忽略了地面也可以作为限定空间的手段。迎宾铺上地毯,为贵宾设置了特定的行动空间,野餐铺上布单,为一家人造出一个独居的所在。底面不同色彩肌理的材料变化,绝不仅仅是装饰和美化,也是形态操作中限定空间的素材。但是利用肌理变化来限定空间,是靠人的理性来完成的,空间具体的限定度极弱,因此这种限定几乎没有实用的界定功能,仅能起到抽象限定的提示作用(彩图 5-7)。故而空间形态的积极性较弱,实体形态的积极性较强(图 5-8)。

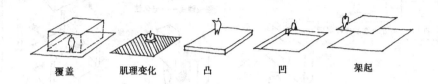

图 5-8 水平方向的构件限定空间

凸 将部分底面凸出于周围空间是一种具体的限定,凸起是常用的限定空间的方法,限定范围明确肯定(彩图 5-9)。然而当凸起的次数增多,重复形成台阶状形态,其实体形态积聚的特征增强时,凸起对空间的限定度反而减弱,各部分空间的范围混淆不清,空间形态的积极性减弱,成为抽象的心理上的限定因素。

凹 凹进与凸起形式相反,性质和作用相似。被限定的空间情态特征却有不同,凸起的空间明朗活跃,凹进的空间含蓄安定(彩图 5-10)。这便是舞台与舞池的不同,舞池凹进鼓励参与,舞台凸起,上来就不容易。形态操作中应根据对象不同的表意要求进行选择。

架起 架起同样是把被限定的空间凸起于周围空间,所不同的是在架起空间的下部包含有从属的副空间(彩图 5-11)。相对于下部的副空间,被架起的空间限定范围明确肯定。在架起的操作中,实体形态显得较为积极,而空间形态往往是其它部位空间的从属部分,应注意处理它们的流通共融和联结关系。

§5-2 空间形态的操作

与实体形态相同,空间形态操作的重点在于联结部位。

1. 空间的限定度——流通关系

空间与空间联结部位的界面处的封闭程度称为空间的限定度。空间与空间的联结往往由开洞来解决,开洞的部位(不管这个洞有多大)形成一个虚面,当虚面与实面之间的夹角越大时,限定度越强,流通感减小,相反夹角越小,流通感增大,限定度越弱。因此空间的限定度亦即相邻空间之间的流通关系,空间设计主要就是在限定度和流通感上做文章(图 5-12)。

2. 空间的叠合——共有关系

与实体形态相同,两个空间形态的叠合,可以产生各种不同形式的共有关系(图 5-13)。我们可以参照实体形态叠合的形式(见 §2-2.1)来进行分析。

形态的联合创造了共享的空间,这种共有关系单纯明确(彩图 3-31)。形态的复叠造成空间的前后关系,产生这种前后次序的前提是前一个空间压在后一个空间上造成侵占的趋势,入口往往处理成"八字开"的形态便可以理解为广场空间对内部空间的侵占,从而造成方

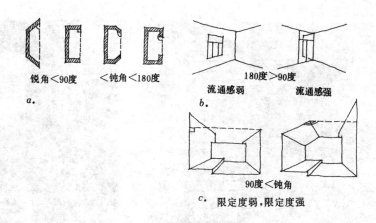

图 5-12　空间的限定度

a—虚面与实面之间的内夹角越小流通感越大,限定度越弱。内夹角越大,限定度越大流通感越弱,以至消失;

b—实例一;c—实例二

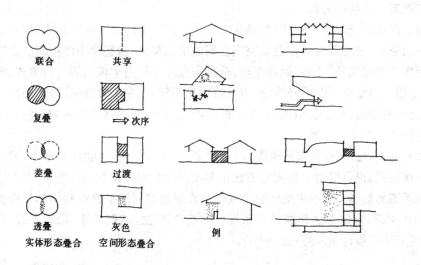

图 5-13　空间形态的叠合

向和次序。两个形的差叠关系造成一个共有的又是独立的新形态,两个空间差叠同样造成一个新空间,这个空间是由一个空间向另一个空间的过渡空间,过渡空间往往有自己独立的功能,但又必须为过渡做一种思想和情绪上的准备,因此这种联结部位的形态往往并不是单纯明确的。其形态操作既要强调联系,又要强调本身形状、气氛的肯定。形态的透叠关系不能形成一个独立的新形态,仅是增强了"既是你的又是我的,你中有我我中有你"的情态特征,因此是中性的、"灰色"的,两个空间形态的透叠同样产生"灰色"的区域,"灰色"的空间含蓄而模棱两可,当然不强调本身的个性。但正是由于其存在,使原始的两者联结最为完美(图5-14)。

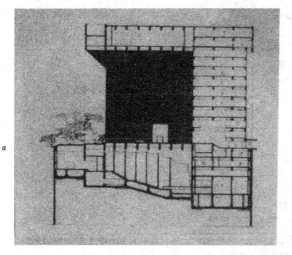

图 5-14 "灰色"的空间——富冈银行

3. 多次限定——层次关系

多次限定的空间,指每一个空间都是从上一个层次的空间中被限定出来的,经多次反复而形成的一组空间,这种形态操作造成空间之间的层次关系,为空间中的空间。多次限定体现了不同层次的功能关系之间的组合要求,是形态操作中使用率很高的一种方式。根据实际需要,每一个层次的限定可以明确肯定,也允许模糊不清,但是不管如何限定,最后一次限定的空间(空间中的空间)往往会是强调、为主的空间,而其余层次则是从属的空间。因此这种层次关系也往往成为主从关系。

值得注意的是,层次 指空间的层次,不是指使用空间限定手法的次数多少,可以用多种方法限定一次空间,也可仅用一种限定方法来多次限定空间。在基础训练中,我们注重的应该是对空间形态的塑造,而不应把注意力仅仅放在限定空间的手段和联结部位的操作方法上。空间好比文章,限定手法和联结关系好比词汇和语 法,堆砌辞藻,堆砌手法,忘记了根本,不易把空间形态设计组织好(图 5-15)。

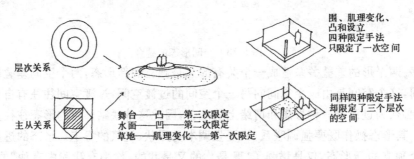

图 5-15 多次限定的空间

§5-3 空间的组织

对多个空间单元进行组织编排，取决于单元各自体现的不同使用功能，以及不同功能发生的先后次序和主从关系。粗略地归纳起来，这些关系可以分为并列、序列和主从等形式。从形态的角度着眼，空间的组合关系与这些形式重合（彩图 5-16）

1. 并列

各单元功能相同或者功能虽不同却无主次关系，则形成并列空间。

这类空间的形态基本上是近似的，互相之间也不易寻求次序关系，因此最方便的组合方式乃是利用骨骼与基本形的关系。骨骼的形式可以是线型、放射型或网格型，形成重复构成或渐变构成。在此基础上将骨骼网、骨骼线与空间的物质结构构件重合起来，并将基本形态单元作积聚、切割、旋转、移位、分散等操作，可以形成各种既变化丰富又合理的空间组合形态（图 5-17）。

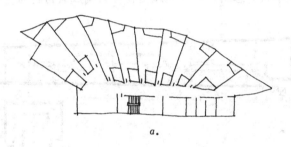

a.

b.

图 5-17 各类并列空间及其操作变形

a—骨骼网与基本单元渐变而形成的并列空间；b—在骨骼网（结构轴线）的基础上，
基本单元的旋转和移位

47

2. 序列

各单元功能的先后次序关系明确，则形成序列空间。

这类空间，比如纪念性的、展览性的、观赏游览性的、甚至如车、船、航空旅客站等交通性的，由于必须使人们依次通过各部分空间，因此空间的组合形态必然形成序列。这类空间形态的组织操作犹如一个故事的情节发展，一部音乐的旋律进行，根据人在空间中的活动过程和时间的先后顺序，有目的地把各个空间组织为开始——发展——高潮——结尾等，一组结构严谨、整体完整的序列（彩图 5-18）。比如明清故宫从正阳门、天安门、端门、午门、太和门，一直到太和殿，一个个广场形成一串长——方——长——横——大而方并多重凸起，这样一个有发展有高潮的空间序列，创造了崇高有尊严、气势宏大的氛围。人们称"建筑是凝固的音乐"，其原因很重要的一个方面就是因为有了时间因素的参予，使空间的序列产生强烈的音乐似的流动感。

序列空间本身有序，因此空间组织的操作重点则在于创造变化，创造情态线索的起伏。又如西方人往往把高潮处理为实体，东方人反而将高潮和结尾合并处理成虚无等等，空间形态设计应抓住这些不同情态结构，不同风格特征，构成有特色有个性的空间序列（图 5-18、5-19）。

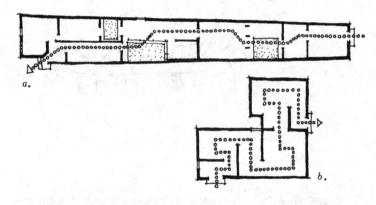

图 5-19　序列空间的形成

a—地段的限制迫使居住空间循序组织；b—观赏流线促使展览空间形成序列

3. 主从

各单元功能的重要性不同，则形成主从空间。

如果各单元空间的使用功能明显地有主有次，空间的形态构成也要适从这种关系。在一组空间中，一般尺度为主的空间是主空间，位置居中的空间是主空间，多次限定得到的空间是主空间，序列中高潮所在的空间是主空间。空间形态中的主从关系是对比的关系，主从空间往往形成非规律性构成，因此作主从空间的设计操作时，应强调同一性因素，以形成协调统一的整体关系（图 5-20）。

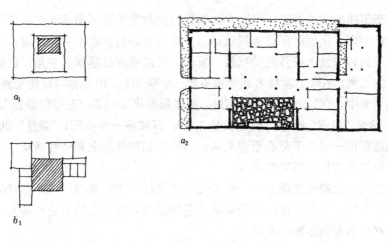

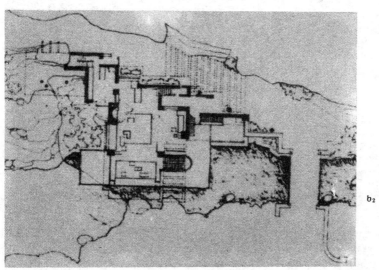

图 5-20　主从空间

a—多次限定形成的主从空间；b—集中组团形成的主从空间，主空间位置居中，尺度为主

结　语

　　空间形态不同于实体形态，但基本的操作方法和组织原则是相同的，关键在于把注意力转移到虚空中来，化消极形态为积极形态。空间形态虽然看不到摸不着，但它一定是为了使用而设计的，与技术条件的关系最为紧密，因此空间是建筑的主角，也许还是很多其它设计范畴的主角；不懂工程技术绝对架不起一个空间来，但是你可以凭空画出十个立面。主角也体现在美中，空间形态组织得不好，实体形态再美也是"丑婆的装扮"。空间美是一种"氛围"，然而"氛围"很难讲就是一种"美"，调和是一种氛围，"杂乱"也是一种氛围。理性的阐述往往把一切归于至真至善至美，而实际创造并非全是理性活动，往往由于对现有理性的突破而得到极为精彩的新作。

　　本书虽然从理性的角度阐述了一些有关形态设计方面的基础知识，但目的还是希望您能结合具体的工作、根据具体的目的要求和条件制约，创造出崭新的作品来。也许成熟了的味觉会喜欢更为复杂多味的东西。

编　者

习　题

作业一：造型计划

一、内容：

为自己设计并制作文具盒一个。

二、要求

1. 详细分析，列出使用要求。

2. 据此进行形体构思，并解决构造等技术问题。

3. 制作精细。

4. 使用。并借此体会和叙述造型计划的四个步骤：要求——计划——制作——使用。

三、规格：

木制、大小适中

四、实例：

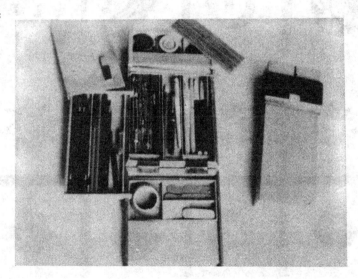

图 6-1　文具盒制作

作业二：形态

一、内容：

1. 根据单形的特征，设计四种不同的单形：偶然型　规律型　徒手型　机械型

2. 给机械型以生命力，使之有机化，作四个方案。

二、要求：

采用黑、白及不同明度的灰色绘制、制作精细。

三、规格：

230×250 黑、白卡纸，各图图框 100×100

四、目的：

形态是事物在一定条件下的表现形式。作业启发学生了解概念形态与现实形态之间的区分和联系，了解形与态之间的辩证关系，初步掌握塑造单形并进行变异的能力。机械型有机化的方法是将机械型进行拉伸、挤压、切削、变异等加工操作，使其趋近有机型的情态特征（图 6-2. 下左图）；对概念 形态进行联想（如把圆联想为太阳），并模仿偶然型、规律型、徒手型的情态特征（下右图），赋予形态以生命力。

五、实例：（并参见图 1-4、1-5）

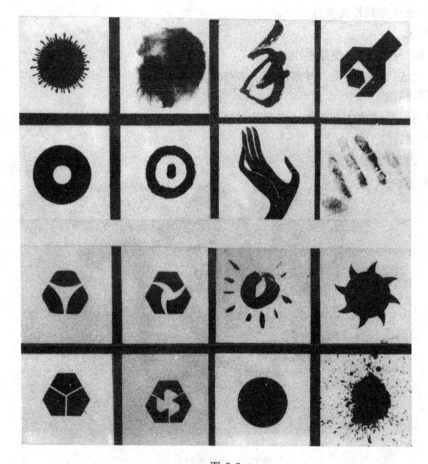

图 6-2

上—偶然型 规律型 徒手型 机械型；下—机械型的有机化

作业三：基本形和骨骼

一、内容：

设计并绘制一平面构成

二、要求：

1. 采用重复、渐变、近似、特异等形式组织骨骼和基本形，基本形形式不限。

2. 设计应达到一定的视觉效果，并为其情态特征命题（例：热烈、闪烁、旋转等）。

3. 绘制精细

三、规格：

230×250 黑、白卡纸，图框 200×200

四、目的：

将物质材料分解为一些基本要素，才能组合，以制成各种器具，这是一切造型活动的基本手段。作业要求学生从平面形态的构成设计着手，了解形态形成和组织的基本规律，以及关系元素和视觉元素在构成中的作用；初步掌握将要素进行构成的基本方法，以及在构成设计中有目的地创造某种形态的能力。

五、实例：

图 6-3　基本形和骨骼——平面构成

作业四：解析重构

一、内容：

由平面形态转化为立体形态。

二、要求：

1. 选择一图片形象，解析为一些基本素材，将其重构为相应的立体形态。

2. 制作粗放、形态逼真。

三、规格：

400×400 硬质底板，材料任选。

四、目的：

本作业课题基于英国来斯顿大学建筑系作业题：从二向度到三向度空间。作业要求学生从转化解构的过程中，了解康定斯基关于"把要素打碎、进行重新组合"的基本概念，进一步掌握要素构成的基本方法。实例中两组构成基于对两幅抽象画的解析重构。

五、实例：见图 6-4（彩图）。

作业五：积聚（一）

一、内容：

1. 线材的积聚

2. 面材的积聚

3. 块材的积聚

任选其一

二、要求：

1. 利用卡纸、木条、吹塑纸、泡沫塑料块、玻璃、铁片、石块等实际材料，作为基本的线、面、块要素，进行积聚操作。

2. 可采用重复、渐变、近似、对比等变化方式，注意立体形态的整体感和形态力的紧张感。

3. 应注意表现形态构成的材质特征、加工特征和结构联结特征。

三、规格：

构成不大于 180×180×180，固定于 180×180 硬质底板上。

四、目的：

积聚是基本操作中最主要的方式。在积聚的操作过程中，要素之间的接近性是重要的，群化的形态便于被从繁杂的背景中分离出来，从而使整体形态造成同一性，因此积聚中基本形应有一定的数量。而当单体的数量越多，密集程度越高时，积聚的操作特征越强，这种特征形成形态的基调。因此积聚中基本单体以简单为宜；操作的注意力应着重整体形态；而积聚的方向、中心位置，以及形态的联结部位才是整体形态中的强调部位。作业通过对以上概念的了解，进一步掌握要素构成的基本方法。

五、实例：见图 6-5（彩图）。

作业六：积聚（二）

一、内容：

结合指定的建筑设计课题，进行积聚操作，将功能或结构的基本组成单元作为积聚单体，进行构成。据此修改建筑设计方案。

二、要求：

1. 将建筑设计题先按功能关系组合方案，借以熟悉任务书。然后打碎方案，重新进行构成。

2. 分析基本要素，利用线积聚、面积聚、块积聚的操作进行形态构成，并注意使形态单纯化。

3. 按指定比例制作模型，制作精细。

三、规格

300×300 硬质底板

四、目的:

通过与建筑设计课题的结合,引导学生将已学过的基本操作手段用到建筑设计中去。因此不应把该作业等同于一般的工作模型,在该作业中应把建筑的构成作为积聚操作训练的具体对象,借以完成学习方法的过渡。模型应强调构成的特征,本身有一定的独立性。

五、实例:见图 6-6(彩图)。

作业七:折纸

一、内容:

将 80×80 大小绘图纸切口,并折叠成各种变形状态。

二、要求:

1. 切口尺寸为切口方向总长度的 1/3~1/2,切口位置不限。

2. 利用切口特征,进行各种折叠变形。

3. 在指定时间中,争取完成较多数量的单体,并使其变化多端;制作精良;形态收敛、美观。

三、规格:

300×300 黑卡纸衬底

四、目的:

快速变形练习。

五、实例:

图 6-7 折纸练习

作业八：联结（一）

一、内容：

将下列各组不同形式的局部联结起来，并对其联结部位的形态进行设计：

1. 黑白卡纸条对接

2. 圆柱与棱柱（方柱、三棱柱）或不同棱柱对接

3. 圆柱与矩形梁联结

二、要求：

联结形式明确合理，过渡有机，整体形态美观，制作精细。

三、规格：

1. 里黑、白卡纸条宽 50，联结后总长 250。

2. 柱、梁采用木、石膏或泡沫塑料，联结后总高 250，断面尺寸自定、大小适中。

四、目的：

联结部位的形成方式有：1、穿插咬合型 2、采用联结体过渡型 3、渗透生长型等（如图）。作业可以在这些形式的基础上进一步发展出形式新颖、情态各异的联结形式。作业引导学生在形态设计中注重联结部位逻辑的合理性，通过对联结部位的强调和夸张，提高形态的表现力。

五、实例：见图 6-8（d 为彩图）。

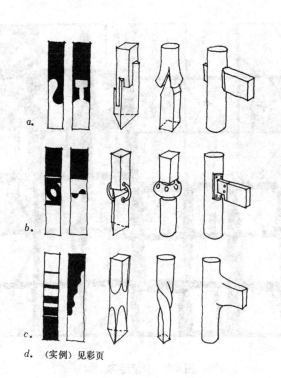

图 6-8　联结部位设计

a—穿插咬合型；b—联结体过渡型；c—渗透生长型

作业九：联结（二）

一、内容：

将你正在进行的建筑设计方案中，各种要素和构件之间的联结部位进行深入的研究（比如各种面之间和各种体块之间的联结，各种空间部位之间的联结等）。借此丰富设计方案，并使设计趋向深入。

二、要求：

1. 对各种联结部位进行不同方案的研究，设计并选出有代表性的联结形式。

2. 在此基础上强调和夸张联结部位的形式结构特征。

三、目的：

积聚、切割、变形的操作，是对对象整体形态的操作，形成形态的基调；而对联结部位的操作，往往能形成形态的强调，从而加强形态的表现力，因此联结部位的处理常常是设计操作中的重点部位。作业引导 学生不仅注重整体空间和体形的变化能力，而且注重设计和善于设计合理协调的结构联结部位，提高对细部设计的修养。

四、实例：

图6-9　设计实例中将所有构件全部抽象为面要素，强调面与面之间的结构联结特征，
使传统形式表现出时代特征（实际工程项目）

作业十：肌理设计

一、内容

1. 利用对绘图纸进行折叠、贯孔、挤压、切折等操作，构成一个具有新的起伏编排效果的肌理形态，然后依势自然地卷成筒状（或平铺于300×300底板上）。

2. 在你正在进行的建筑设计任务中，选择某一个面（立面、顶面、地面等），利用拼接，改造起伏状态等方式进行设计，创造一种新颖美观的肌理形态。

二、要求：

注重基本形的设计，注重对肌理形态整体起伏编排的组织。

三、目的：

通过利用特定材料创造新的肌理状态的训练，使学生了解从"平面"到"肌理"而"立体"再"环境"，各种不同层次的形态之间的联系，从而把建筑中各种"平面"理解为一种肌理状态来进行设计。培养学生在实际设计中应用"肌同质，理有序"的概念和肌理尺度的概念，帮助塑造形态。

四、实例：见图6-10（彩图）。

作业十一：量感表现

一、内容：

对几何形块体进行操作，使其创造出量感表现。

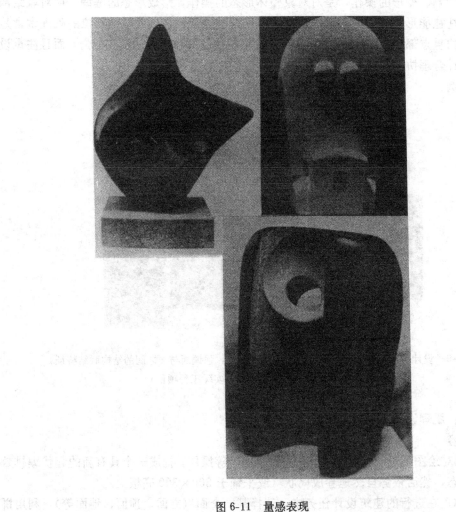

图 6-11　量感表现

二、要求：

1. 选择一个几何形体，例如球、圆柱、各种棱柱、锥体、或者较简单的组合体。进行挤压、膨胀、切削、贯孔、弯曲、移动等操作处理。

2. 使用粘土或石膏制作，表现以上设计。

3. 操作适度，形态单纯而充满活力。

三、规格：

不大于 200×200×200

四、目的：

在建筑形态设计的初始阶段中，形成的基本形态往往容易趋于几何形，给人以生硬的冷漠感。通过作业训练学生对于这些初始的形态进行操作变形，借此体会形态力造成的，诸如由内向外的生长感、受压后反弹回去的抵抗感等，理解由于形态力的冲突所创造的表现因素。但应注意过分的摆弄会使形态失去紧张的力感，因此最初的操作应尽可能保持不使基本形零乱，然后逐步加工弄清效果。

五、实例：见图 6-11。

作业十二：空间限定

一、内容：

根据空间限定的基本原理和方法，利用指定的二种基本构件，限定出一组可供展览的空间形态。

二、要求：

在指定的地段条件中设计。制作模型。所使用的实际材料不限。

三、规格：

1. 基本构件：30×30×6 使用量不得超过 40 块

　　　　　　　30×6×6 使用量不得超过 32 根。

2. 300×300 硬质底板

四、目的：

培养空间构成的思维能力，理解并熟悉运用实际物质材料限定空间形态的基本原理和基本方法。对于展览入口标志性、识别性的处理，展览流线组织，展览可能性、适宜性等的分析，有助于学生对空间设计功能性特点的体会。但应注意训练的重点仍在于对概念性空间形态的构成上。

五、实例：见图 6-12（彩图）。

作业十三：空间组织

一、内容：

运用空间限定的七种不同方法，形成多个基本空间，并将其组织为三组不同形式的空间组合：

序列空间 并列空间 多次限定的主从空间

二、要求：

利用卡纸、吹塑纸、木条、铁丝等简单材料，制作三个组合空间的模型。

三、规格：

180×180 硬质底板三个

四、目的

作业训练对空间形态进行组织和情态塑造的能力。在设计和制作中，应注重研究空间之间的前后关系和联结关系，各个空间不同情态特征的对比协调关系，和组合体整体的情态氛围。作业训练中，还应综合运用前面各章节提供的原则和方法，诸如基本形和关系元素的关系，肌理和色彩的设计，基本操作方法的应用，形态力的分析等，协调好空间形态与实体形态之间的辩证关系，掌握塑造空间形态的构成方法。

五、实例：见图 6-13（彩图）。

图 1—3　心意之动而形状于外　　　　图 1—7　加工机械型其模仿自然形态的生长感和量感

图 2—4　香山饭店以正方形作为基本形

图 2—14　斯图加特州立美术馆——"杂乱无章"的建筑形态

中　图 3—4　线构成

下　图 3—22　暴露柱梁结构，夸张它们
　　　　　　与各教室单元之间的联结
　　　　　　关系，从而强调了形态的
　　　　　　结构联结特征，形态丰富
　　　　　　有个性

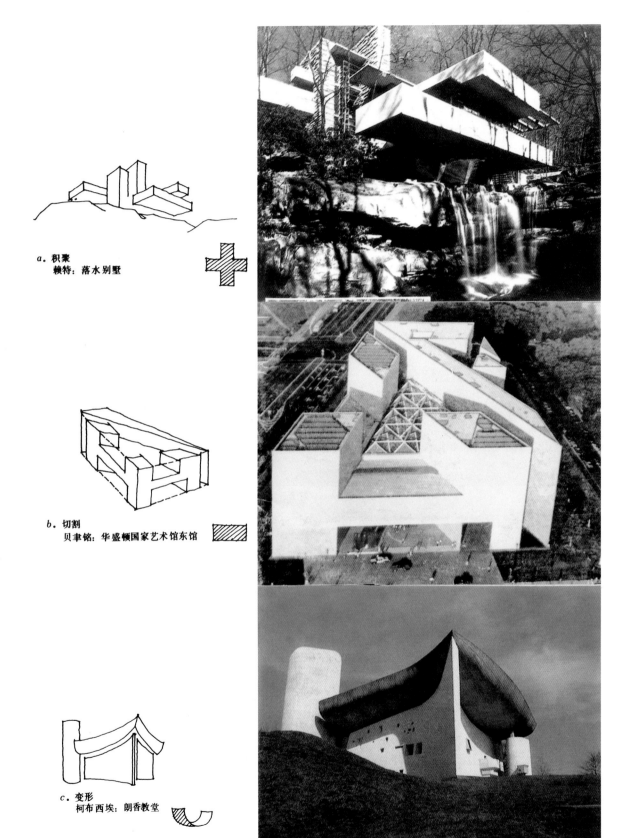

a. 积聚
　　赖特：落水别墅

b. 切割
　　贝聿铭：华盛顿国家艺术馆东馆

c. 变形
　　柯布西埃：朗香教堂

图 3—18　积聚、切割和变形

图 3—24　强调和夸张运用结构特征　上：线构成　中：面构成　下：块构成

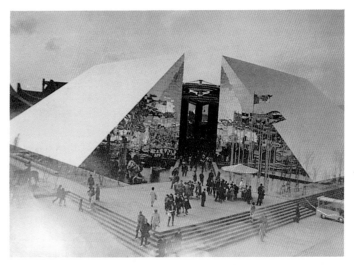

图 3—21 乌德勒支住宅对面与面
之间的联结特征加以夸
张

a. 联结特征不强

b. 夸张

图 3—25 充分利用反射材料的折
光特征

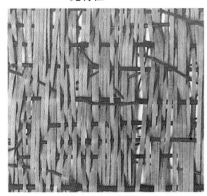

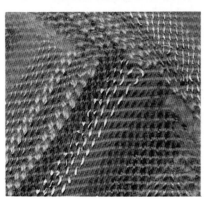

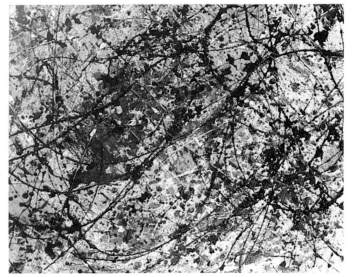

图 3—26 左：触觉肌理 右：视觉肌理

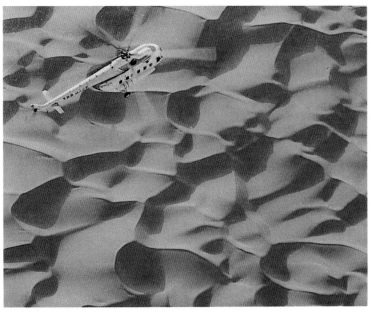

图 3—27 沙丘成了肌理状态

图 3—28 建筑立面打破横线条、竖线条概念，呈现为表面的起伏组织编排

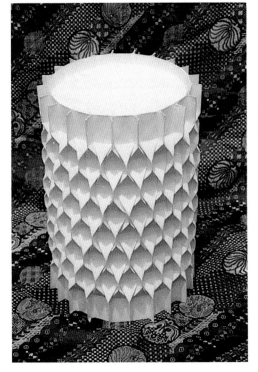

图 3—32 圆筒表面用纸折出的起伏编排，使人不再注意原始材料的质地特征

图 3—31 顶棚上采光构件的拼贴也形成一种有序的起伏编排

a.蝶翅的花纹是耸起的微小鳞片
　——形成微观状态的肌理

b.啤酒厂堆场上成千的瓶子积聚
　成肌理状态

c.立面的起伏编排形成肌理

d.居住群落形成的肌理

图 3—33　在各种尺度层次上
　　　　　创造的肌理状态

a.四季厅中绿色的点——竹叶

b.过厅中灰色的点——墨迹

c.院外红色的点——枫叶

图 4—4　香山饭店过厅中陈
设的赵无极的巨幅
抽象画，墨色点子
成为红枫与绿竹之
间的过渡，增强了室
内外空间的连续性
和流通感

图 4—10　形态的特征改造了自己

上，少就是多——单纯的要素组合表现了一种丽质

中，少就是少——五六十平方米的展厅中三件昂贵的家具，少
　　得使人冷漠，拒人于门外

下，少就是？——杂处的商品表现了"丰富颂"

图 4—9　一组橱窗陈列，体现了不同的设计原则

图 4—11　形态力的冲突

图 4—16　纪念柏林750周年雕
　　　　塑—形态力塑造的动
　　　　感和生长感

图 4—17　建筑形态具有量感

图 4—19　雍和宫——杂处的形
　　　　态表现了与汉族庙宇
　　　　绝然不同的含义

图 5—4 设立指明空间中
　　　某一场所

图 5—6 覆盖创造的心理
　　　空间

右上：飘浮的伞盖限定出含混
　　　的空间

右：棚盖下模拟市场亲切的氛
　　围

图 5—7 靠肌理状态的变化暗
　　　示空间的不同功能

图 5—9　凸起的空间明朗活泼

图 5—10　凹进的空间
　　　　　有安定感，
　　　　　成为午间休
　　　　　息的场地

图 5—11　架起

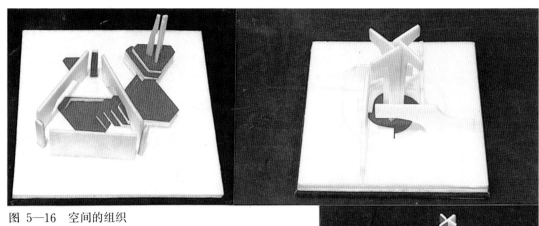

图 5—16　空间的组织
左：序列　右上：主从　右下：并列

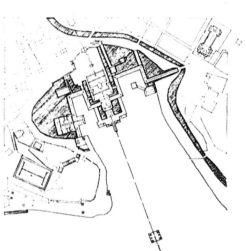

图 5—18　广岛、严岛神社的空间序列

图 6—4　作业四：从平面形态到立体形态

图 6—5 作业五：立体构成——线、面、块的积聚

图 6—6 作业六：积聚——专家公寓设计（左下）、幼儿园设计

图 6—8 d 作业八:
联结部
位设计

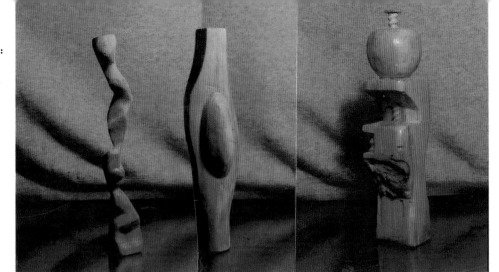

6—10 作业十:
肌理设
计

: 在建筑立面和顶
面上进行起伏编
排的组织（实际
工程项目）

: 用绘图纸创造新
的肌理形态

图 6—12 作业十二: 空间限定——展览空间设计

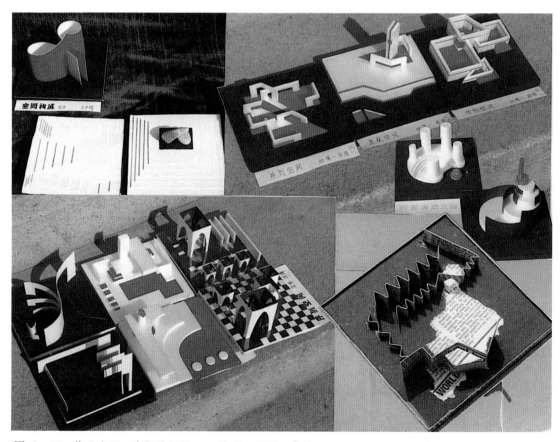

图 6—13 作业十三: 空间的组织——并列、序列、主从

4 拷贝模型时注意

一些软件使用者习惯于在一个 DWG 中把模型拷贝多份进行不同的分析，如区域分析和等照时线分析等。不编组还好，一旦编组，拷贝模型时其编组属性也被拷贝，此时务必注意控制好模型距离，距离太近将可能产生本不该有的遮挡，导致得出错误的窗分析结果。因为编组后作【窗照分析】不提示选择模型，系统将编组的模型全部纳入计算。

5 日照分析模型

日照分析需要如下的模型：建筑轮廓、日照窗（通常只需要首层）、复杂屋顶、阳台。

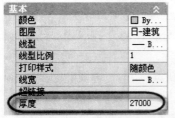

图1　特性表对话框

* 建筑轮廓：用闭合 PL 线（C 结束）作边界，底标高从室外地坪算起，有 2 种方法生成三维模型。一种方法是用【建筑高度】，其高度和标高的修改可打开标高和高度的开关，直接在位编辑数值。另一种方法是在【特性表】中设置 PL 线的"厚度"形成模型（图1）。

* 对于层和列无规律的日照窗，可用【墙面展开】+【映射插窗】的方式建模。

* 阳台只有对其他建筑产生遮挡时才需建模，一次只能建一个，可利用【Z 向编辑】在 Z 轴方向阵列或上下移动，当然也可以利用 ACAD 的阵列进行编辑。

6 建筑物的标高

对于分析中涉及的多栋建筑物，只需用相对标高正确反映彼此关系即可，因为确定工程地点后，我们假设太阳光线为平行光，绝对标高没有必要，反倒会带来麻烦和增加复杂度（图2）。一般把建筑物最低的底标高（室外地坪）设置为 0 较好，这样所有的标高都是正数，不出现负数。

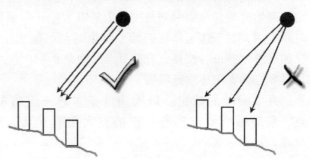

图2　对比图